地球をハックして気候危機を解決しよう

人類が生き残るためのイノベーション

トーマス・コスティゲン　穴水由紀子訳

HACKING PLANET EARTH

インターシフト

家族へ

地球をハックして気候危機を解決しよう
人類が生き残るためのイノベーション

【目次】

PARTⅢ 天然資源と未来都市

＊文中、〔　〕は訳者の注記です

はじめに　もはや解決策はほかにない

「なぜできないのだろう？」この問いが私の頭のなかからずっと離れなかった。なぜ私たちは人類が生み出す革新的なアイデアや先進技術を使って、自然の流れをリセットできないのだろう？　結局のところ、私たちはすでに元の自然の形を崩してしまっており、そのために自然は真っ向から牙を剥いているのだ。その転換はおおむね、人類が大量の二酸化炭素を大気中に放出し始めた産業革命とともに始まり、いまや自然はその二酸化炭素を吸収したり適切に貯留したりできなくなっている。過剰な炭素は、余分な熱と地球の温度の上昇――そしてより極端な気象――をもたらす。２０１８年の時点で、極端な気象事象の年間発生件数は、１９８０年から倍増した。海は膨張し、海面は上昇している。世界の海面上昇のペースは、このわずか20年間に50パーセント跳ね上がった。干ばつと洪水もより多く発生している。暴風雨とそれに続く洪水の年間発生件数は、40年前の平均値の4倍になった。カリフォルニアはこの１０００年で最悪の干ばつと、近代史上最も壊滅的な山火事に見舞われた。それが意味するのは、大量の死傷者の発生ともっと御しやすい土地への大量移住である。気候変動を要因とする難民は、２０５０年までに実に10億人に達する恐れがある。

炭素排出量の削減、つまり炭素緩和はうまくいっていない。私たちは大気を過剰に汚染し続けている。そして２０１６年９月、ついに転換点を過ぎてしまった。大気中の炭素量が最低水準にあるはずの月に、４００ｐｐｍの二酸化炭素が存在すると推定されたのだ。夏の間、植物はほかのどの季節よりも多くの炭素を大気中から吸収するため、炭素量は９月に最少となる。しかし２０１６年は違っていた。４００ｐｐｍという天井が床になった——つまり、天井を突き破ってしまったのである。これはもう、地球温暖化の影響は、介入なしではおそらく打ち消せないことを意味する。もし現在のペースが続けば、今世紀半ばには地球の温度はおよそ３度（摂氏。以下同）上昇する。その結果もたらされるのは、より極端な気象、さらなる海面上昇、低地からの大量移住、そして世界的な食料供給の危機だ。その温度上昇は、莫大な量の炭素を大気中から吸収し貯留することで地球の「肺」と称されるアマゾンの熱帯雨林を、完全に破壊してしまいかねない。もしアマゾンがそうなれば、気候変動の影響は指数関数的に増大するだろう。

この新たな現実、この過酷な未来の環境を考えると、私たちは気候変動との闘いに向けた思い切ったアプローチを選択しなければならない。特効薬が必要だ。

ジオエンジニアリング（気候工学）とは、「地球温暖化の影響を打ち消すために、地球の気候に影響をおよぼす環境プロセスを意図的かつ大規模に操作すること」だと定義される。もし自然の猛威を相手に回して勝ち目があるとするなら、この闘い方が必要となる。

アル・ゴアを始めとする多くの環境問題の専門家は、この考えに反対している。もし気候に介入すれば、私たちは人類を苦境に陥らせている地球温暖化の原因ではなく、それが引き起こすさまざまな症状に対処するようになり、人々は自分の都合を優先して二酸化炭素の排出量を削減する行動をやめてしまうだろう、と思っているのだ。化石燃料エネルギーの使用を減らすといった予防的な環境行動が影をひそめ、その代わりに、まだ立証されていない解決法に社会が頼るようになるのではないか、と恐れているのである。しかしアメリカ科学アカデミーは、ジオエンジニアリングの可能性を探究したり、研究に資金を提供したりすることは必要だ、と表明している。

ビル・ゲイツ、イーロン・マスク、サー・リチャード・ブランソンなど先見の明をもつ人たちは、慎重かつ責任をもって実行されれば、人の手による改変にはメリットがあると考えている。私も同意見だ。本書では、私たちが生存のために頼りにする自然の要素――大気や陸地、海洋、天然資源など――をより適切に管理する方法として、さまざまなジオエンジニアリングの方法を探っていく。

私は長年、多くの人が小さなステップを積み重ねていけば、地球を守ることはできるという考えを支持していた。この考えは2007年に上梓した『グリーンブック』（マガジンハウス）で明らかにしたとおりだ。そこでは、ごみを減らし、エネルギーの消費を抑え、水を節約するために私たちができる数百ものシンプルな方法を紹介した。

1年後には、『今、世界で本当に起こっていること――現代でもっとも刺激的な環境問題』（楓書店）を著した。そして私たちが廃棄し、汚染し、過剰に消費する際の行動が、どのように世界各地の人々や土地や物事に影響するのかを探った。その本では、よりいっそうの環境教育と環境意識を呼びかけるとともに、私たちがいかに互いの行動によって結びついているのかを示した。しかしさらに数年後、私は環境活動家としての行動がうまくいっていないことを悟り、気候変動への準備にかんする包括的な本を書いた――『世界のどこでも生き残る 異常気象サバイバル術』（日経ナショナルジオグラフィック）である。

２０１６年9月は、私にとってもうひとつの転換点となった。もし地球温暖化を遅らせることがもはやできないのなら、もし準備がじゅうぶんにできないのなら、私たちは自然をコントロールしなければならない、と考えるようになったのだ。

本書は、この世界の現状と、その現状に対し、進歩的な解決策を用いてどんなことができるかを明らかにしている。もはや運命を偶然に任せることはできない。私たちは、人類と地球上のほかの生物とを最も隔てている能力、すなわち考えたり新機軸を打ち出したりする力、要するに論理的に思考する能力を使って、自らの道を切り開いていかなければならない。ますます敵対的になっていく地球――私たち自身のおこないによって敵対させられてしまった地球――に理性で対応できる力だけが、未来を与えてくれる。

しかしこの動きは草の根レベルでは機能しない。前進しようとする、最善を尽くそうとする産業界を支援したり、実業界や科学者や技術者――イノベーター！――を勇気づけたりすることに、いまこそ一丸となって関心を寄せるときなのだ。彼らが発明したり、草分けとなったり、旧態依然とした方法を止めさせたりできるように。そう、社会のなかでも、人類に起因する地球温暖化のそもそもの責任の多くを負っている産業界が、事態を好転させ、闘いの先頭に立って、地球の気候を修復するよう促さなければならない。

数十年にわたり、環境問題の専門家は、気候変動の影響について警鐘を鳴らしてきた。その目的は、社会全般からの要求を喚起して企業に従来のやり方を変えさせ、ひいては社会的に好ましい、気候にかんする政策や規制をもたらそうとすることだった。しかしそれはピンボールゲームのようなものだ――土台となる環境教育を施すことで一般市民の行動に火をつけ、それが今度は企業に変化を促し、政府によりよい政策を採らせる。だがこのもくろみは失敗した。もちろんいまでもボタンを押してベルを鳴らすことはできるが、住みよい気候を実現する前に、取り返しのつかない大惨事は起きてしまうだろう。国連の気候変動に関する政府間パネル（IPCC）によれば、社会のあらゆる面で前例のない変化が起きる前に、私たちが行動を起こすのに残された時間は、2030年までしかない。これまでも、先見の明をもつ人々は素早く社会を変化させてきた。気候変動もそのような都合のよい解決策を必要としているのだ――いますぐに。

ヘンリー・フォードは、自動車を製造する前に、馬の所有者に調査したり、世間の同意を得たりはしなかった。そんなことをしようものなら、彼は狂人だと思われただろう。彼がこう話すのを想像してみてほしい。「このとおり、これは車輪つきの機械だ。目玉が飛び出るほど高価なものになるだろうし、走らせるにはガソリンも必要だ。だから訓練もしなければならない。それに自動車用の道路を建設する必要もある。この自動車は、いまみなさんが乗っている馬よりも速くは走らないだろう。そして、大量生産するには巨大な工場を建設しなければならない」。まったく馬鹿げている。社会、都市計画、天然資源の抽出、労働力、インフラにおける大転換を求めているのだ。しかし彼はやってのけた。ビル・ゲイツはパソコンで同じような道を切り開いた。通信技術のおかげで、いま私たちの手には携帯電話がある。インターネットのおかげで私たちはつながっている。イノベーションとそれをもたらす個人が、世界を変えたのだ——瞬く間に。

私たちを支配する気候の影響力を打破するには、技術者や投資家、先見の明をもつ人たちによる抜本的な介入が必要だ。私たちには早急な解決策が欠かせない——斬新で型破りで、世界を変えるような解決策が。

読者のみなさんは次章以降、こうした解決策の提供者を知ることになる。科学者や起業家、冒険家や活動家に出会うだろう。また私とともに、北極圏からサハラ砂漠に至るまで、あるいはアメリカ合衆国南部奥地の低湿地帯《バイユー》からスイスの地下研究施設に至るまで、世界各地を巡っていく。そして過剰に汚染された死にゆく世界から私たちを救ってくれそうな、気候問題の解決策をつまびらかにする。こうした解決策に恐れや不安を覚える人もいる。またこれらはいわゆるモラルハザードであり、そのため人々は環境の汚染や乱用を緩和する行動をとらなくなるだろうといわれている。それでも私は、こうした手法を排除したり、これらの解決策を世に知らせずにおいたりすることは、世界に大損害を与えることになると心から思っている。これが本書執筆の理由だ。どんなことが可能なのかを、明らかにしたい。

私たちは、エコロジカル・フットプリント〔人間の活動が地球環境にかけている負荷を測る指標〕の削減と、抜本的な解決策への投資のどちらもやれると思う。これこそが、人の手が再び加わる世界の秘訣である。私たちはこうしたイノベーションやイノベーターを恐れたり、無視したりするのではなく、称賛し、支援すべきなのだ。私たちを救ってくれるのだから。

メアリー・シェリーの小説『フランケンシュタイン』では、悪人だったのは怪物ではなく村人だった。私たちはすでに人間が改造した地球（フランケン・プラネット）に住んでいる。私たちにはその地球をよりよい場所にするチャンスがある。人類が生き残るためには、もうほかの選択肢は本当にない。後戻りはできない。

前を向くしかないのだ……。

PART I
空と宇宙

第1章 雨をレーザー技術で降らせる

異常が新たな正常に

そこは世界最悪の気象の本場だ。時速320キロメートルを上回る風が立木の樹皮をはぎ取り、気温は決まって氷点下となる。猛吹雪、ホワイトアウト、霧、雪崩……。氷は視界に入るほぼすべての硬い地表の上を這いずりまわる。

これは南極の奥地、あるいはその反対の北極付近の話かと思うかもしれない。しかしこの世界最悪の気象は、ボストンから北へ車でわずか数時間のところにあるニューハンプシャー州のワシントン山の山頂で見られるものだ。

その恐ろしさを最初に発見したアメリカ先住民は、この山をアジオコチョクと呼んだ。「偉大なる精霊の住みか」という意味だ。アメリカ初の測候所はここに建設された。そして最近になるまで、地球上で記録された最大風速――時速３７２キロメートル――は、この山頂の測候所で計測されたものだった。

この危険な気象は、ワシントン山の興味深い位置とその特徴が引き起こしている。標高１９１７メートルのこの山はアメリカ合衆国北東部の最高峰であり、ミシシッピ川以東の最高障壁となって、偏西風の行く手を阻む。また海岸からの距離が近く、１６０キロメートルに満たないため、低圧帯を生み出しやすい。そしておそらく最大の要因は、大西洋やメキシコ湾岸、北アメリカ太平洋岸北西部からやってくる暴風の進路が、この山を擁する山地に集約されるからである。

晴れた日でさえも、この山の傾斜地ではすぐに天候が悪化する。午後になると西方の急斜面が太陽を遮り、岩や氷の間に薄暗い影を落とすためだ。雪は吹き飛ばされてしまう。強風のために、雪や氷の結晶は固まることもその場に留まることもできない。

上方のごつごつした崖の地表に闇が現れると、そこに潜む不穏な存在が思い出される。偉大な精霊――不吉な気象――である。

だが世界最悪の気象は、山を下りつつある。それは四方八方へ広がり、沿岸部を破壊し、平野を水浸しにし、町を引き裂き、あとにはほとんど焦土しか残さない。私たちは毎日のように、報道で悲惨な映像を見ている。

地球はここ10年ほど、最強かつ最凶の暴風や気象現象に悩まされてきた。２０１７年にはハリケーン・イルマのような熱帯低気圧が最大風速記録を幾度か更新し、これまでで最も破壊的なハリケーンシーズンとなった。

冬の気象も穏やかではない。積雪、気温の低下、着氷性暴風雨もまた、世界記録を更新した。２０１８年にロシアの首都モスクワでは、これまでになく大量の雪が降った。そしてそれはなにかを物語っている。

アメリカ合衆国の北東部および中部大西洋沿岸地域では、年々悪化していく猛吹雪に対して、スノーマゲドン、スノーポカリプス、スノージラ〔それぞれ「スノー」に「アルマゲドン」、「アポカリプス（世界の終末）」、「ゴジラ」を合成した造語〕などの新語が作られ始めている。興味深いあだ名が次々に生まれているのだ。

５００年規模の大洪水が、毎年発生している。そして熱波と寒波が、かつてないほど人々に影響をおよぼしている。２０１８年7月のわずか1週間に、世界各地で史上最高気温が更新された。

ここ数十年の間、地球の平均気温は上昇し続けてきた。極端な低温もまた、地球温暖化のなか失われてはいない。２０１７年から２０１８年の冬には、巨大な寒冷前線によってアメリカ合衆国の大部分が凍結し、北極の強い寒気がはるか南のジョージア州まで到達した。そのわずか数年前には、フロリダ州のマイアミとキーウェストで凍結警報が発令された。

異常な気象が、新たな正常になりつつあるのだ。

有史以来、地球では極端な気象がたびたび現れてきたが、今回は種類が異なる。人間が生み出したもの、つまり人為的な気候変動なのだ。気候変動は、かつては特異な――ワシントン山のような――

場所にだけ存在していた気象を、世界各地の人口中心地に定期的にもたらすようになっている。

地球温暖化による顕著な影響のひとつは、地表から吸い上げたより多くの水分で武装した気象だ。その水分はこれまでよりも激しい雨や雪となって、大気中から放出される。温かな空気は冷たい空気とより激しく衝突し、より強力な竜巻やハリケーン、熱帯低気圧などを作り出す。もちろん暴風雨は、概ねこれまでよりも強力になる。過去30年の間に、平均風速と降水量は５パーセント増した。その増加によって、自然災害はさらに破壊的になり、季節的な変化はさらに顕著になった。海洋も気温の上昇から逃れることができない。温かくなった海は膨張し、海面の上昇は沿岸部の高波や、相次ぐ巨大暴風雨《スーパー・ストーム》の発生を助長している。

こうしたイメージを想像するのは恐ろしいことだが、もし地球の気温上昇がこのまま止まらないと、世界がどんな姿になるのかを、科学者はさまざまに描いてきた――大洪水によってカリフォルニア州に形成される４８０キロメートルにおよぶ湖や、不毛の地となるグレートプレーンズ〔北アメリカ大陸ロッキー山脈東方の大草原地帯〕、水没するマイアミなどだ。ワシントン山の山頂のような状況が、さらにもっと広がっていくだろう。暑さもまた、深刻な被害をもたらすはずだ。ニューヨークは、病気や熱死が蔓延する温床となるだろう。想起されるのは、まさに暗黒の未来である。

稲妻の向きを変える

しかし、地球を半周回ったスイスの薄汚れたビルの地下室では、ほとんど人目につかない暗い片隅で、また別の現実、また別の未来への解決策がある。気象の猛威に抗う究極の武器となるのは、細い光の線である。

「高出力レーザーだよ」。その光の線を指し示しながら、ジャン゠ピエール・ヴォルフが説明する。中年でごくふつうの背格好のヴォルフは、現代のトール――雷を槌で操る北欧の神――のようには見えない。それどころか、このフランス生まれのスイスの物理学者は、いわゆる実験オタクにも見えない。がっしりした体格で、ブーツを履き、コーデュロイのズボンとスキーセーターを着ているせいで、科学の教授というよりスキーのインストラクターのようだ。これにはびっくりさせられる。ヴォルフはヨーロッパで最も有名な科学技術機関のひとつであるスイス連邦工科大学で物理学の学位を取得した後、イェール大学やフランスとドイツの大学で教鞭を執るなど、研究の場でキャリアを積んできたのだから。どの科学者もそうだろうが、彼も自分の研究を進めるなかで、異なる研究分野に触れていった。そのひとつが分光学だった。物質と電磁放射の相互作用を研究するこの分野は、医療や機械、回路……そして気象にも利用される。気象の操作が彼の使命となったきっかけは、理論ではなく実体験だった。もしヴォルフのレーザーが期待どおりの発明なら、彼は本当に危険な気象をたちどころに阻止し、すべての人にとってもっと住みよい未来を作り出せるかもしれない。

これまでのところ、気象を改変する試みで頼りにされているのは、降雨を促す化学物質である。たとえば雨を降らせるために一般的におこなわれているのは、ヨウ化銀を雲に噴霧することだ。ヨウ化銀は、飛行機から落とされたりロケットで打ち上げられたりして雲のなかに散弾のように広がり、氷の結晶を形成する。そしてじゅうぶんな重さになると、空から落下する。雨や氷、雪、雹《ひょう》など、なにが降るかは下界の気温によって決まる。

問題は、このクラウド・シーディング（雲の種蒔き）がいつもうまくとは限らないこと、そしてうまくいったとしても、結果があまり予想できないということだ。1950年代には、イギリス軍が秘密裏におこなったクラウド・シーディング作戦「キュミュラス（積雲）」によって、イングランドの片田舎を豪雨が襲い、鉄砲水によって35人の命が奪われた。アメリカもベトナム戦争のさなかに、飛行機を使った同様の作戦をホーチミン・ルート上で試みた。ポパイ作戦と命名されたそのミッションの目的は、雨季を長引かせ、敵に対して洪水や地滑りを起こすことだった。このミッションの非公式のスローガンは、「戦争ではなく、ぬかるみを作れ」だった。しかしポパイ作戦の戦果は不安定で、やがておこなわれなくなった。もっと最近では、2008年のオリンピック大会の際に、ホスト国を務めた中国が「天気を晴れにした」と発表した。1000発以上のロケットを北京周辺の空に向けて発射し、雲のなかに化学物質を撒いて、予定より早く雨を降らせたのだ。開会式は気持ちのよい晴天となったが、この解決策による成果だったのかは科学的には証明されなかった。

ヴォルフのレーザーは、まったく異なる気象改変技術である。それは実験室内のテストでも、外の世界でもスムーズに、実際のところ見事にうまくいく。

彼は、地球上のすべての原子炉を組み合わせてもかなわない強力なレーザーを発明したのだ。それは雲のなかで稲妻を作ったり、空気の分子を引き裂いて雨を降らせたり、逆に水の分子を粉砕して雨を消したりすることができる。

装置全体の大きさは、フーズボール〔テーブルサッカーともいう。テーブルのサイズはおよそ120×60センチメートル〕のテーブルほどで、ヴォルフが物理学を教えているジュネーブ大学の地下にひっそりと置かれている。

彼は最初から、気象を作り出したり、操ったりする装置の発明を目指していたわけではなかった。ヴォルフの博士論文はレーザー技術についてのものだったが、レーザーというのは、テレビのチャンネルを変えるリモコンから、がん細胞を特定して殺す医療技術まで、あらゆるものに応用できる。彼の研究の道は、2000年にジュネーブからローマまで飛行機で移動したことで切り開かれた。

ヴォルフは搭乗した飛行機が激しい雷雨につかまり、稲妻に打たれたことで、レーザー技術を使って稲妻の進路を逸らす方法はないかと考え始めたのだ。レーザーと稲妻には多くの共通点があることは知っていた。どちらもエネルギーを押し出す。ならば稲妻を新たな方向へ押し出すために、レーザーのエネルギーを使ったらどうだろうか、と彼は考えた。人が答えを求めて稲妻に目を向けたのは、もちろんこのときが初めてではなかった。

1752年にベンジャミン・フランクリンが、自然界の電気を操る力について学ぼうとして、雷雨のなか凧を飛ばしたのは有名な話だ。彼の実験はさらなる研究につながり、やがて今日の発電方法や送電方法へと至る道が開かれた。

レーザーの避雷針

　だがヴォルフが目指していたのは単に稲妻を捕まえることではなかった。稲妻を操ろうとしていたのである。それはなかなか大変なことだとヴォルフはすぐに気づいた。稲妻を操作するには、稲妻を再現しなければならないからだ。簡単なことではない。稲妻は、太陽の表面温度よりも熱いうえ、稲妻を放つ雷雲は原爆100発分のエネルギーをため込むことができるのだ。それに見合うためには、地上から数キロメートル上空に浮かぶ雲まで、正気の沙汰とは思えないほど大量のエネルギーを送る必要がある。もし10億分の

1秒間継続する、あるブレイクスルーがなければ、ヴォルフのレーザーが自然を操作するのに必要な限界にまで到達することなどあり得なかっただろう。ヴォルフの成功の秘訣とは、高速パルスである。

人類最速の男ウサイン・ボルトは、100メートルを10秒で走る。彼はその速さでマラソンを走り続けることはできない。しかし瞬発的に大きな力を出すことで、素早く距離を稼ぐことができる。ヴォルフはこのバースト《バースト》の概念をレーザーに応用し、稲妻の規模に見合う力を得たのだ。彼のレーザーは、10億分の1秒のバーストで途方もなく強大なエネルギーを作り出す。ちなみにカメラのシャッタースピードは1000分の1秒だ。ヴォルフがこうした超瞬発的なバーストを開発したのは、そうすればレーザーのエネルギーが、最初のパルスと同じ力を保ったまま、はるか上空の雲まで届くからである。ほとんどのレーザー光線がらみの問題は、距離が長くなると弱くなるということだ。

ヴォルフは実験室で、このレーザーがどのようなものなのかを、テーブル上に設置された片眼鏡くらいの小さな鏡に向けて、やってみせた。装置は計器パネルがすべてむき出しになっていて、まるでコンピューターのハードディスクドライブの中身のようだ。彼は、目の前にある細い光の糸と、そのレーザーにハイパーチャージする魔法のダイヤモンドについて、楽しそうに話す。ダイヤモンドはエネルギーの超伝導体だ。

映画『007ダイヤモンドは永遠に』では、ジェームズ・ボンドの宿敵ブロフェルドがダイヤモンドを利用して、宇宙から発射されるレーザー兵器を開発する。その陰謀はもちろんばかげているが、技術はそうではない。ダイヤモンドの結晶構造は、光を集めて指数関数的に強力にする。ヴォルフは複雑な増幅を利用して、自らのレーザー光線に太陽の強大な力を与えるのだ。テーブル上では、レーザー光線が小さな鏡の迷路を通過した後、ダイヤモンドに到達する。するとそれは突然、赤色から青色に変わる。青色はレーザーが最も高温の段階に達したしるしだ、とヴォルフは説明する。レーザーの発射準備が整ったのだ。

狙うは、大気を模した液体で満たされた密閉タンクである。このタンクは魚を飼育する小型の水槽に似ている。レーザーが発射されて標的であるタンク内の液体に当たると、靄《もや》の塊が現れ始め、膨張したり収縮したりする。ごく微小な水滴がくっついたり離れたりしながら素早く動き回り、混とんとしているが見惚れてしまうような自然のダンスが目の前で再現される。雲はこうして生まれるのだ。ほどなくタンク全体が靄でいっぱいになる。そしてふわふわとした綿菓子のような形状が現れ始め、独自の形になっていく。白鳥に似てるかも。いや象だろうか。それとも積雲の埃を舞い上げて走る野生馬かもしれない。

人間の手によって作り出された雲は、なんとも神々しい奇跡に見えるかもしれないが、それは実験室内のきちんと管理された環境でおこなわれたものだ。ヴォルフは現実の世界でレーザーを試すため、貨物輸送用コンテナほどの大きさの、運搬可能なレーザー発射台を造った。そして、ワシントン山とは別の山頂にいるアメリカ先住民の精霊と戦うために、それを運んだ——向かう先は、ニューメキシコ州だ。

ヴォルフは州最高峰のサウス・ボールディ・ピークの頂上に到達すると、レーザーを発射した。翌日の『サイエンス・デイリー』には、「人工の稲妻――レーザーが雷雨のなかで初めて電気的活動を引き起こす」という見出しが躍った。記事にはこのように書かれていた。「雷はベンジャミン・フランクリンの時代にまでさかのぼる科学の研究テーマだが、それにもかかわらず、いまだ完全には解明されていない。科学者は1970年代以降、接地させた長いワイヤーを小さなロケットに取りつけ、それを雷雲のなかに打ち上げて落雷を起こすことはできていたが、一般にその成功率はロケットの打ち上げのわずか50パーセントである。レーザー技術を使えば、そのプロセスをもっと速く、もっと効率良く、もっと費用対効果の高いものにすることができ、新たな用途への道が開けるだろう」

確かに、ヴォルフの実験の成功は称賛された。

「まあね。でも目指していたのは、人々が壁に飾るこの素晴らしい写真のような、雷雲から地上へ落ちる稲妻だったんだ」とヴォルフは嘆く。

その代わりにヴォルフのチームは、雲のなかに稲妻を作った。彼は欲していたスナップ写真は撮れなかったかもしれないが、望んでいた成果を得ると同時に、はるかに重要なものを手に入れた。それは自然界がもつ最も破壊的な武器のひとつを、人間が大気中で複製する能力である。彼はこの実験を10年前におこなって以来、その技術にさらに磨きをかけてきた。

レーザーは上空ですでに発生している稲妻の向きを変え、飛行機などの危険なポイントへの落雷を避けることができる。さらに、雲のなかの空気分子を、降水が生じるように配置し直すことができる。また別の状況では、水の分子をバラバラにして、降水を発生させないようにすることができる。

彼は将来的には大量生産を想定し、飛行機や列車や建物など、雷雨に脆弱なほぼすべてのものに取りつけられるほど小型化したレーザー避雷針や、雲を壊したり作ったりできる運搬可能なレーザー発射台の開発を考えている。

だから未来はこんな感じになるのかもしれない――レーザー避雷針を装備したドローンが空を飛び回り、気がふれたR2‐D2の部隊のようにビームを発射する。アフリカの砂漠では農業が花開き、雨がちなシアトルやロンドンのような都市では、年間を通してもっと明るい空を眺めることができる。地球上のどこでも、生活環境の厳しさは和らぐだろう。すべてはヴォルフの科学的ブレイクスルーのおかげだ。

自然を操作するのは正しいか

実験室でのデモンストレーションを終えると、ヴォルフはレーザーを切った。その強大なエネルギーは消え、いまはもうかすかな赤い光にすぎない。彼が部屋のスイッチを押すと、暗くなった室内で見えるのは、まるで再び動き出すのを待って脈動するターミネーターの目のような、その光だけだ。

レーザーの可能性については、壮大な計画がある。ヴォルフの夢は大きい。もし気象が変えられるなら、気候も変えられる、と彼は言う。季節は、ひょっとすると同じ意味をもたなくなるかもしれない。そして生活している場所の環境に囚われている人々――貧者や弱者、歴史的に天然資源に恵まれずに暮らしてきた、気候変動の最前線に生きる人々――は、そうした資源の一部や、繁栄のチャンスを与えられるかもしれない。雨を降らせれば、世界各地の砂漠地帯に暮らすおよそ10億人に淡水を供給することができる。じゅうぶんな飲み水がすぐに手に入らないこうした人々の多くにとって、農業のために、すなわち食料生産ために、水を使うことなどおよそ考えられない。今世紀末までに、地球の人口はさらに数十億人増えると予測されている。不毛の土地を耕地に変えない限り、天然資源はいっそう逼迫するだろう。レーザーによる気象への介入なら、それができる。

2017年に4100万人に影響をおよぼした、南アジアの大洪水の悲劇を考えてみよう。住宅や学校や病院が破壊され、道路や橋、鉄道や空港も大きく損傷した。数十万人が食料や清潔な水、安全な場所や医療を求めて避難所へと逃げ込んだ。想像してほしい――もしそれが避けられていたなら、もしレーザーが季節変動のパターンを変えられていたなら、と。たった1回のとりわけ破壊的なモンスーン期が、これだけの悲劇を引き起こした。モンスーンとは毎年発生する卓越風のことで、たとえばインドでは、通常、夏に大量の雨をもたらし、冬には乾季をもたらす。レーザーなら、水分をたっぷり含んだモンスーンがもたらす雨の周期を断ち切ることができる。

そこには気象を改変する力がある――永久に。しかし、懐疑論者は空をいじり始めた場合の問題しか見ない。コルビー大学の科学教授で、『気象を操作したいと願った人間の歴史』(紀伊國屋書店)の著者でもあるジェイムズ・フレミングは、かつての気象改変は、致命的な嵐や大洪水――ジオエンジニアリングによって期待されているものとは逆の現象――を引き起こしてきた、と述べる。彼は、ひどく間違えるとどんなことが起きるかという例として、数十年にわたり隠蔽されていたイギリスのキュミュラス作戦を挙げている。そのような人は彼だけではない。オンライン・グループや現場の活動家は、自然をいじくることを非難してきた。連邦政府機関でさえ、予想もしない形で自然の怒りが爆発したらどうなるのか、と懸念を表明している。

こうした懸念の声は、アメリカ軍がアラスカ州の人里離れた施設からおこなった、高周波活性オーロラ調査プログラム（ＨＡＡＲＰ）に対する異常な猜疑心を思い起こさせる。ＨＡＡＲＰの使命は、電離層——電波の制御が可能な大気の層——を研究することだった。長年、陰謀論を唱える人々は、アメリカ軍が気象の改変やマインドコントロールのための秘密兵器を開発する隠れ蓑として、ＨＡＡＲＰを利用していたのだと主張した。もちろんこのようなことは証明されていない。いずれにせよ、ＨＡＡＲＰは２０１４年に廃止された。しかし気象改変への警鐘は、鳴りを潜めてはいない。３０００万を超える訪問者数があると主張するオンライン・グループのジオエンジニアリング・ウォッチは、「地球の気候改変の暴挙を暴く」とか「世界市民に気象戦争を仕掛ける」などという見出しを打ち、気象や気候の改変を定期的に非難している。そしてこのグループは何か月も前からイベントの予定を立て、「生物圏の破壊」について警告している。不条理な主張は間違いなく、気象を変えようとする人々を、長い将来にわたって悩ませるだろう。

ジュネーブ大学の実験室の外では、ぴりっとした冷たい風に乗って、雪が舞い始める。ヴォルフは数人の同僚とひとりの見学者（つまり私）のために、近くのレストランで昼食会を催しているところだ。卓上にあるのはパンとワインとパスタ、そして気象とジオエンジニアリングというテーマである。「自然を操作するのは正しいことか」と誰かが問う。すると「それは農業革命以降、ずっと続いていることだ」と誰かが発言する。「レーザーを雲に向けて発射することに、想定外のマイナス面はあるか」。今度は別の人が「大気には人工的なものは一切加わらない」と説明する。「レーザーは、ただ自然界に存在する気象の製法《レシピ》を操作するだけだ」と。質問と返答が延々と繰り返される。明らかになったのは、気象の改変はイノベーターや介入主義者次第だということだ。自然はもはや自らの仕事を効果的におこなうことができない。私たちは想定以上に――創造主の論理さえも、偉大な精霊の苦しみさえも超えてしまうほどに――あまりにも地球を汚し、あまりにも地球から多くを奪ってしまったのだ。

気象を変えれば気候の危機を軽減させられるかもしれないが、それでも解決には至らないだろう。気象は気候変動の症状であって原因ではない。より快適な気候を求める未来の闘いとは、炭素の排出や太陽放射との闘い、そして人間の活動によって煽られ、加害者となって次々に襲いかかってくる自然との闘いに勝利するということである。

ありがたいことに、私たち人類には独創性がある。あらゆる種類のテクノロジーを駆使して未来をよりよい方向に変えようとする、ヴォルフのような先駆者が世界中にいる。彼らがジオエンジニアリングの研究に取り組んでいる場所は、閉ざされた扉の奥や地下深く、あるいは砂漠の奥地や、人里離れたジャングル、そして宇宙空間ですらある。

彼らが結集すれば、すべての人々にとってより穏やかな環境を作り出すことができる。私たちの使命は、彼らを見つけ、地球をハックする〔高い技術力を駆使してシステムを操る〕最善の方法を学ぶことだ。

＊　＊　＊

○空を流れる川○

4800メートルもの標高から、ときに「世界の屋根」と称されるチベット高原は、地球最大の気象試験場になるかもしれない。中国はその地に、おびただしい数の高さ3メートルほどの燃焼装置を戦略的に配置しつつあり、そこから降水を引き起こす化学物質を雲のなかへ放出する予定だ。推進者たちはこの計画を、空を流れる川、すなわち「天河」と呼んでいる。

天河の人工降雨技術は、燃焼装置で固形燃料を燃やしてヨウ化銀を大気中に放出し、それらが風に乗って上空に達すると、雲のなかの粒子を刺激して降水を発生させる、というものだ。伝えられるところによれば、1基の燃焼装置でおよそ5キロメートルにおよぶ雲の列ができる。数万基が設置される見込みだ。

中国軍が開発したロケット科学の技術のおかげで、酸素の希薄な高地でも燃焼装置での燃焼が可能

天河計画

となる。データは、極端な気象条件を監視する気象衛星のネットワークに、リアルタイムで送信される予定だ。

燃焼装置は、風が山に向かって吹き、上昇気流を作るときだけ作動する。ヨウ化銀はその気流に乗って、空高く舞い上がり雲のなかに到達する、あるいは、そうなることが期待されている。ヨウ化銀は氷と分子構造がよく似ている――あまりに似ているため、雲の内部ですでに形成されている氷は、だまされてヨウ化銀と結合する。粒子はじゅうぶん大きくなって重くなり、地上に落下する。

雨を降らせる特効薬を放出する燃焼装置は、少しもハイテクなものには見えない。チミニア――上部に細長い煙突がついた、球根のような形をしたアウトドア用ストーブ——を大きくした感じだ。1基8000ドルほどで、何年も使用できる。標高4800メートルの高地でも、人里離れた過酷な環境でも、スマートフォンの簡単なアプリで点火できる。

中国西部からインド、さらにその先まで2500キロメートルにわたって広がり、エベレスト山やヒマラヤ山脈も内包するチベット高原では、氷河の融解によって得られる淡水や降雪の量が年々減っている。この高原はもともと乾燥しているが、それは標高が高い場所の冷たい空気に含まれる水分子の数が、地表近くの温かい空気よりもはるかに少ないためだ。

淡水の不足は、この地域の数百万人の命を危険にさらしており、このような抜本的な気象改変技術を生む要因となっている。

天河計画は2016年に中国の清華大学で試験的に始まった。中国政府がてこ入れしていることから、天河は世界最大の気象改変プログラムになるだろう。もしうまくいけば、天河によって中国の年間総降水量は7パーセント増加する見込みだ。それは、スペインの3倍の面積にじゅうぶんな雨を降らせることができるほどの莫大な量である。

この計画は実施までに数年かかるとみられるが、副作用はわかっていない。批評家は、ある地域で雨を降らせれば、ほかの地域で降るはずの雨や雪を奪ってしまうと指摘する。このことは、中国とチベットとの間で、さらにはインドとパキスタンとの間で長く政治的緊張が続いてきたチベット高原においては、論争の的となる可能性がある。

しかしこのままいけば、多くの人にとって神聖な場所であるこの高原では、気象を変える燃焼装置と、その上に広がるかもしれない新しい空によって、これまでとは異なる景色が見られることだろう。

○ビル・ゲイツのハリケーン抑制計画○

ビル・ゲイツと科学者のグループが、熱帯低気圧の活動を止める技術を開発した。

彼らは熱帯低気圧の主なエネルギー源のひとつである、温かな表層水〔海や湖などの表層の水〕の力を弱める装置の特許を取得した。温かい表層水を冷たい深海へと注ぎ込み、その冷たい水を表層に戻して循環させることによって、ハリケーンや台風などの熱帯低気圧の強度を弱めるという仕組みだ。

その装置はとてもシンプルに見える。海面に浮かぶ大きな丸い桶の下に、深海まで達する2本の細いパイプが取りつけられている。波が立ち、桶が海水でいっぱいになると、温かい海水が一方のパイプに吸い込まれ、もう一方のパイプにつながっているタービンを動かす――冷水のサイフォンだ。

このポンプ装置によって、周囲の海水面の温度がじゅうぶんに下がり、ハリケーンを抑制できると期待されている。ハリケーンは海水の温度が27度に達すると、発生する可能性が出てくる。そのため海水の温度をある程度下げれば、熱帯低気圧は成長に必要なエネルギーを欠くことになるのだ。しかし温かい水は、ハリケーンを生み出すひとつの要素にすぎない。

「実際のプロセスは、海面を移動する雷雨の群れから始まる。海水面が温かいと、熱帯低気圧はちょうどストローが液体を吸い上げるように、海から熱エネルギーを吸い上げる。これが大気に水分をもたらす。もし風の条件が適していれば、熱帯低気圧はハリケーンになる。この熱エネルギーは、熱帯低気圧の燃料だ。そして水温が高くなればなるほど、大気中の水分量は増える。つまり、ハリケーンはより大きくより強力になる」というのが、一般市民や教育関係者に海洋科学を伝えることに特に力を入れているスミソニアン協会の説明だ。

温かい海水を冷却することによって、別の場所で熱帯低気圧が発生しないとは言い切れないが、この方法は大いに期待できる。熱帯低気圧の目（中心部）は、直径160キロメートルを超えることもある。つまり効果をあげるためには、広大な面積にその海洋冷却装置を設置する必要があるということだ。海洋科学者によれば、これは確かに壮大な挑戦だが、方法としては理論的に可能だという。

ビル・ゲイツはインテレクチュアル・ベンチャーズ社（マイクロソフト元社員のネイサン・ミーアヴォルドなどが創業）を通して、このプロジェクトに関与している。経営陣は、このハリケーン抑制技術は、気候変動が制御不能に陥り、猛烈な暴風雨やスーパーハリケーンを引き起こすようになったときの、予備的な解決策として意味がある、と語る。

ハリケーンは苛烈さを増してきている。あまりに強力になることが予想されるため、ハリケーンの強度を示すサファ・シンプソン・ウインド・ハリケーン・スケールに、さらに一段階上の等級、つまり「カテゴリー6」の追加を求める科学者や気象予報士もいるほどだ。現在最強のカテゴリー5のハリケーンは、最大風速が時速252キロメートル以上、と定義されている。カテゴリー6ともなれば、時速300キロメートルとか320キロメートル以上などという定義になる可能性もある。

大気の温度と同じく、海水温も炭素の排出によって上昇する。もし炭素削減のもくろみが失敗を繰り返し、海水温が上昇し続ければ、ゲイツの海洋冷却計画は、将来のスーパーハリケーンが上陸する前の、歓迎すべき解決策となるかもしれない。

第2章 超小型宇宙機《スペースクラフト》の雲が太陽光を遮る

世界最高気温を記録した場所

世界最高気温の公式記録は、ここデスバレーで計測された。

1913年7月10日、56・7度がカリフォルニア州ファーニス・クリークの測候所で計測されたのだ。ファーニス・クリークは、アメリカ本土最大の国立公園であるデスバレー国立公園の中心に位置する。カリフォルニア州からネバダ州にかけて広がるこの国立公園内には、北アメリカ大陸の最低地点であるバッド・ウォーター盆地がある。

そびえ立つ標高3300メートルの山脈から谷を下り、海抜下86メートルの盆地へと至る光景は、異様である。はるか高所から眺めると、谷底はまるで幻覚でも見ているかのようだ。それは雲か、湖か。いや、氷河のようでもある。谷底を覆う塩が識別できるのは、平坦な地表がはっきりと見えるときだけだ。太陽の反射がその白い、まだら模様の白い大地を読み取るさまを、心の目で想像してみる。盆地の内部がきわめて高温になるのは、砂漠の砂に加え、この塩の反射があるためだ。それは熱を地中深くため込み、捕らえて離さない。

極端に乾燥したデスバレーでは、太陽光線は雲にほとんど遮られることなく、ファーニス・クリークを擁するモハーベ砂漠に到達する。なんのフィルターも通らずに、照りつけるのだ。その太陽エネルギー、つまり熱は、塩や岩石、砂、土壌に吸収され、残りは反射されたり、再放射〔吸収した放射を再び放出すること〕されたりして、大気中に戻る。熱の作用に、この鉛直循環が加わるのだ。

この谷の形状は、熱の発生を増幅させる。高く急峻な山に囲まれた、非常に低く狭い谷であるため、熱い空気は上昇してもうまく逃げられない。消散するまえに、周囲の山々に封じ込められてしまうのだ。熱い空気は下に送り返されて、再び循環する。こうして空気はよりいっそう熱くなる。

数千年前まで、デスバレーはマンリー湖という湖だった。現在でも大きな岩に水位線を読み取ることができる。岩肌の色も、かつてもっと湿潤な時代があったことを彷彿とさせる。緑色と青色は塩化物、ピンク色と紫色は酸化マンガン、赤色とオレンジ色は酸化鉄だ。それらは、鉱物が豊富に含まれた熱水が湖底からぶくぶくと湧き出し、湖の堆積物を変化させた化学反応の名残である。

いまは、乾いた岩と熱い砂、そして銀色に輝く塩の平原が広がっている。粒ぞろいの細かな砂がうず高く盛り上がってできた、いくつもの砂丘がある。頂上を目指して登る観光客はまるで小さな塵のようだ。連なる山の頂は幾重にも広がり、光沢を帯び、縞模様を描いていて、地球の落ち着きのなさを強烈に伝えている。プレートの変動によって、鉱物は巨岩へと巧みに作り上げられ、岩は堆積や浸食などの地質学的プロセスを経て数億年前に山となった。想像力が試される光景だ。谷底の中央に立ち、顔を上げて周囲を見渡してみると、人も人工物もほとんどなく、たったひとつの思いが胸にせまってくる。これは地球だ——原始のままの、混ざりもののない、圧倒されるような地球の姿だ。

赤色や錆色、茶色などがあまりにも美しく複雑な模様を織りなしていることから、公園職員に「アーティスト・パレット」と呼ばれている場所がある。黒ずんだ土が覆い、まるでティラミスのようになっている砂地もある。そして、塵を舞い上げ、地平線に溶け込む延々と続く白い大地——すべてあの塩だ——がある。雲ひとつない青空とそれを背に立つメサ〔岩石台地〕は、熱のせいでその境目の際立ったコントラストが、肉眼ではまるでスフマート〔物と物の境界線をぼかし、明暗や色彩を微妙に変えて描く絵画技法〕の絵のように滲んで見える。

ファーニス・クリークには、このかけがえのない地球で最高気温が記録された場所であることを示す、少なくとも記念碑かなにかが建てられているだろう、と思うかもしれない。しかしそのようなものはない。1913年に測候所があったグリーンランド牧場〔後に「ファーニス・クリーク牧場」に改名〕内のまさにその場所には、いまはビジターセンターがある。そしてより新しい技術を備えた、より現代的な測候所はその裏手にある。この測候所で、2013年に54度が記録された。2016年にはクウェートのミトリーバが、2017年にはイランのアフワーズがこの値に並んだ。現代の技術で計測されたこれらの値こそ正当な最高気温記録だ、と多くの人は考えている。現代的な測候所は以前よりも確度の高い、場合によってはデジタル的に強化された、温度計や雨量計、風向計、風速計、気圧計、湿度計を使用しているからだ。

人工衛星による測定値はさらに異なっている。２００８年に中国の火焔山では66・8度、２０１５年にイランのルート砂漠では70・7度、２００３年にオーストラリアのクイーンズランド州では69・3度が計測された。しかし気温の記録を公式に管理する世界気象機関（ＷＭＯ）は、人工衛星による測定値を認めておらず、現地に実際に設置されている温度計の測定値だけを認めている。そうした技術的評価に則ると、これまでに１９１３年のファーニス・クリークでの測定値を上回ったものはない。

「多くの測候所で記録された前近代的な気温の測定値は、同じ場所で現代の技術を使って記録された値よりも正確さで劣るのではないか、と気象史研究者が疑義を唱えている」ことを世界気象機関は認めているが、本稿執筆時点では、世界最高気温の「栄誉」に浴するのはファーニス・クリークだという信念を曲げていない。

意見が一致しているのは、世界中で気温が上昇しているという事実である。２００1年以降、観測史上最も暖かい年が18回更新された。これまでに恐ろしい熱波が北アメリカ、ヨーロッパ、アジア、オーストラリアに襲来している。インドでは、２０１5年に熱波で２０００人以上が死亡した。日本では、２０１8年の7月に熱中症で5万4０００人以上が緊急搬送され、１３３人が亡くなった。北アメリカでは同月、猛烈な熱波が記録を大幅に塗り替えた。８０００万人に高温注意報および警報が発令され、死亡者数はアメリカ北東部で数人、カナダでは数十人にのぼった。

熱波は閉じ込められた空気だ。風のように動き回らず、その場にじっとしている――そして、太陽のエネルギーに焼かれる。高気圧は空気を地面に向かって押し出し、上方への循環を阻む――デスバレーで起きていることにそっくりだ。専門的には、熱波というのはこのような気象現象によってもたらされた高温が、2日2晩続くことだと定義される。

二酸化炭素などの温室効果ガスによって、大気中に太陽エネルギーがより多く閉じ込められると、気温はより上昇し、熱波はより発生しやすくなる。温室効果ガスの排出削減がなかなか進まないため、熱波はより長期化し、より頻発すると予想されている。熱中症や脱水症は、熱波と密接に関係している。主要都市が抜本的な解決策を模索している数多くの理由のひとつは、そうした健康上の懸念にある。

局所的に気温を下げるために建造物に反射材が使われたり、日陰を作るために樹木が植えられたりしている。熱中症にかんする公共機関からの発表も、増える一方だ。国連によれば、「人為的な温室効果ガスの排出が増え続ければ、地球の低層大気の平均気温は21世紀末までに4度以上、上昇する可能性がある」。

温室効果ガスは、太陽エネルギーをこれまで以上にたくさん吸収し、熱を閉じ込めてしまうかもしれない。しかし地球を温める最大の力は、なんといっても太陽そのものである。

太陽は地球に向けて、絶えずエネルギーを吹きつけている。これらのエネルギー波は熱になる。しかしもし太陽のエネルギーを、地球に降り注ぐ前に阻止することができたら、どうだろうか。無比の音楽グループであるビージーズの歌〔『And the Sun Will Shine』〕が問いかけたように、もし太陽が輝くのを阻止することができたらどうだろうか？　そのための計画がある。奇想天外で、衝撃的で、スリリングで、ちょっと強引な、まるでSFのような計画だ。本当に。

ラグランジュ点に置かれるパラソル

地球の表面に届く前に太陽光線の向きを変える、宇宙のパラソル――公転する地球と一緒に動く、鏡のついた日よけ――を想像してみよう。日よけであれば、温室効果ガスの影響についてあまり考えずに、地球上の熱の量を制御できる。たちどころに地球を冷やし、地球温暖化の負荷を宇宙空間へと押し返すことができるだろう。日よけは地上から人間によって制御され、宇宙空間で人工衛星と同じように自律的に作動する。

ここ数十年間、あらゆる種類の日よけについて、数多くのアイデアが出された。巨大なガラスのシールド、月の塵でできた雲、小さな傘、ミニチュアの宇宙機《スペースクラフト》などだ。こうした遮光装置はすべてラグランジュ点――地球と太陽の間にある、重力が釣り合う点――に置かれることになるだろう。そこに存在する物体は、重力に捕らえられて動かない。日よけは、太陽放射を暗い宇宙空間へと跳ね返すことになる。地球が受け取るエネルギー量は減少し、大気の温度は下がるだろう。

一時期、主に1990年代から2000年代にかけて、さまざまな学者がこれらの宇宙プロジェクトの研究に野心的に取り組んだ。それは、環境保護運動が始まって地球規模で定着し、アル・ゴアが『不都合な真実』（実業之日本社）を説き、カーボンニュートラルへの移行がブームになった時期だった。環境に対する考え方に抜本的な変化が起こり、環境問題への解決策もまた変化した。そうした時代精神は当然、学問の世界にもじわじわと浸透し、偉大な学者たちが地球温暖化に対する興味深い解決策について考え始めたのだ。そして世界で最も優秀かつ大胆なエンジニアのひとりと称され、アリゾナ大学で天文学と光学の教授を務めるロジャー・エンジェル博士が、温暖化という難問に取り組み始めた。彼は、2005年に新しい方法、つまり温暖化から抜け出す道——文字どおり、また比喩的な意味でも——を探り始めた、と語る。

彼は天文学者のサイモン・ピート・ワーデン博士と協働し、全長1600キロメートルにおよぶ巨大な宇宙パラソルの構想を打ち出した。月の資源を使って作られるそれは、単体の構造物ではない。「月製の極薄ガラス」のパラソルが、群れをなして飛ぶというアイデアだ。

これらのパラソルは宇宙空間——ラグランジュ点付近で自由な軌道を描く工場——で作られる。ガラスは月から運ばれる。「われわれが思い描いているのは、魚や鳥の大群に似たものだ。衝突や自己追尾を防ぐために、個々のユニットに取りつけられた自律型コンピューターが主体となって、それぞれの位置を保持する。GPSのような、局所的な位置決めシステムも用いられるだろう」と彼らは説明した。

その群れを構成するのに必要な１００億個のユニットを作るには、１日当たり１００万個のユニットを配置するとして、30年間かかる。

「そのシールドには、地球で製造されて打ち上げられることになりそうな、３つの主要なハイテク要素が必要となる。ひとつは月面での原料生産と打ち上げを可能にするパッケージだ。たとえば月面での製造に必要なロボットや電子機器、太陽電池、ワイヤーやベアリング、モーター、高温セラミックス、そして月から製造品を打ち上げるのに必要なレールガン（電磁砲）などだ。また、月面での本格

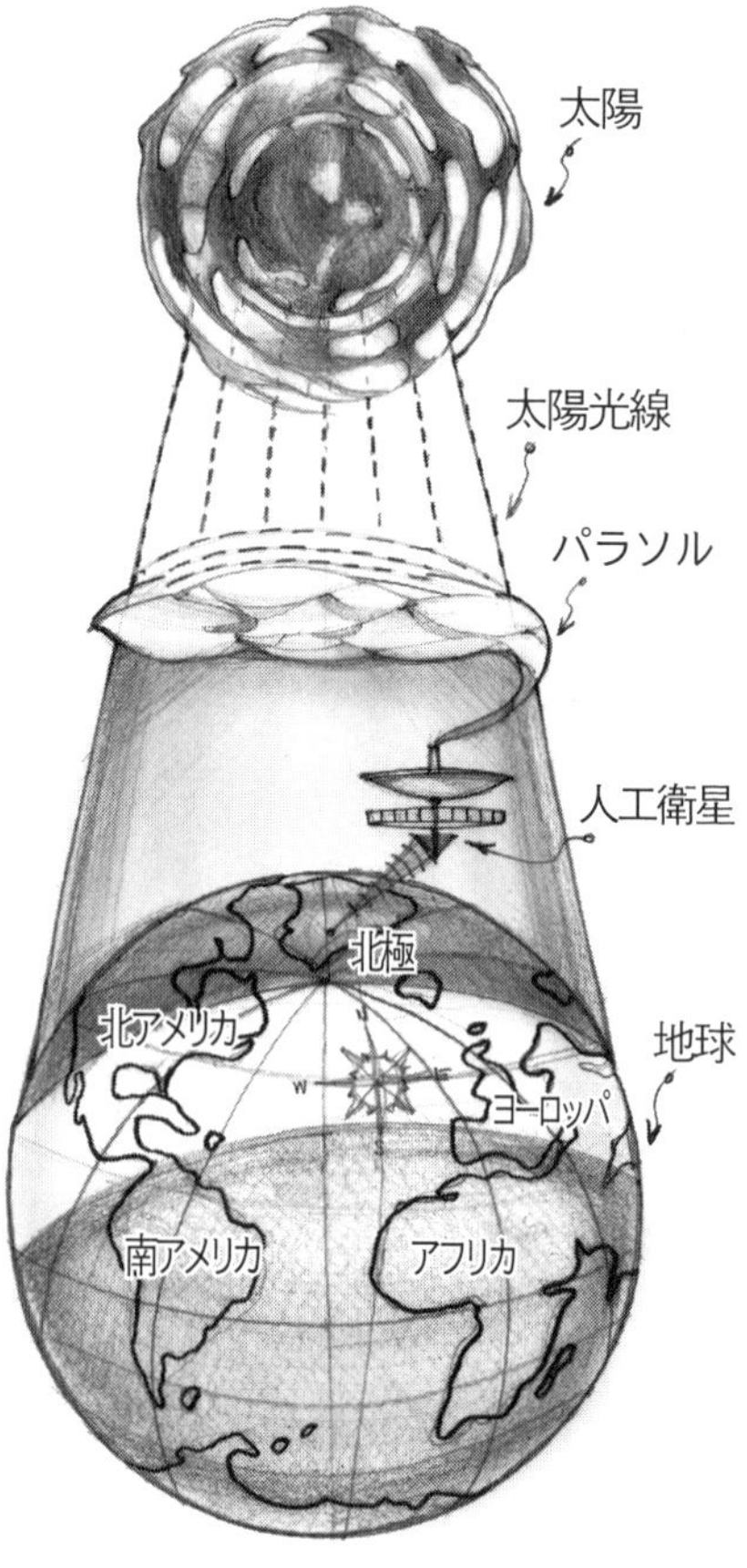

宇宙の日よけ

操業で使用する構造部材を、現地製造するためのパイロット設備もそこに含まれるだろう」。彼らはこの計画の厳密な実現方法を、マニュアル形式で詳しく解説した。その論文は、ナショナル・スペース・ソサエティが2006年夏に発行した『アド・アストラ』誌に掲載された。

結局、この計画には実践上の課題が複数存在することに気づいたため、再度ひとりで計画を練り直すことにした、とエンジェルは話す。これが、小さな宇宙機《スペースクラフト》の「日よけ雲」である。1メートルほどの「飛翔体」を、宇宙での建設や展開の手間を省くため、打ち上げる前に完全に組み立てておくのだ。重さはひとつ1グラム程度。「数兆ドルの費用で、（最長でも）25年で開発と宇宙空間での配置を実現できそうだ」と彼は言う〔より具体的には、小さな穴が開いた透明フィルムでできた数兆個の小型宇宙機をラグランジュ点に打ち上げる。これらは自律制御によって、長さ10万キロメートルほどの巨大な雲を形成し、そこを通る太陽光の一部を拡散させる〕。

論文発表から10年以上が経ったが、エンジェルはその工学的偉業の可能性についていまなお楽観的だ。「電磁発射装置は実用化にはまだ相当かかるが、物理的には可能だ」。「ひとつ1グラムの宇宙機は、2006年当時よりも現実に近づいている！」

エンジェルがこう話したのは、気候変動と宇宙旅行がともにニュースになった2018年秋に会話を交わした後のことだ。このころアメリカ政府も宇宙に目を向け、新たに宇宙軍を創設する計画を発表した。

カンブリア紀に戻る？

日よけのアイデアはまったく実現には至っていないが、科学や学問の世界では真剣に注目されてきた。研究成果が発表されたり、多くのジャーナルに掲載されたりしている。そうした論文のひとつが、イギリスのブリストル大学の気候科学教授、ダン・ラントの目に留まった。彼は２００７年に、日よけのある世界とはどんなものかを探るため、気候モデルを試しに開発してみることにした。

ラントの専門分野は、仮説を検証するための気候モデルを作ることだ（彼は科学的事象をわかりやすく説明するため、ファンタジードラマ『ゲーム・オブ・スローンズ』の見事な映像制作にも携わっているが、この話はまた別の機会にしよう）。いずれにせよラントは、エンジェルとワーデンの論文や宇宙の鏡について、また太陽の遮光が地球の気候におよぼす影響について、同僚たちと話し始めたのだという。

「当時はまだキャリアのなかで、いわば気まぐれに人の研究をなぞらえる時間があった。そしてまさに文字通りその日のうちに、気候モデルのシミュレーションをセットアップしたんだ」と大学の研究室から彼は話す。彼はいまその研究室で、ディープタイム〔地球史の時間〕と過去数億年の気候の作用（とそれに対する反応）にかんする課題に没頭している。

彼が作った日よけの気候モデルは、心配な、とまではいかないが、非常に興味深い結果を明らかにした。日よけは間違いなく地球の気温を下げる方向に働くが、それは一様ではなく、また地球上の既知の生物にいくつかの深刻な悪影響をおよぼさないわけではない。

「どんな結果になるかわからなかった」と彼は言う。彼は地球に到達する太陽放射量を減らした寒冷化のシナリオをもとに、3つのシミュレーションをおこなった。地球が受け取る太陽放射の平均量を太陽定数と呼ぶ。

地球に届く太陽放射は、たとえばたった1時間で全世界が1年間に必要とするエネルギーを優にまかなえるほど、莫大な量だ。ラントは世界の二酸化炭素排出量が4倍に増えたらそれを打ち消すには、太陽放射を3.6パーセント減らす必要があることを突き止めた。この量は、過去200年ほどの間に増加した、つまり人為的な温暖化を引き起こした二酸化炭素量にほぼ匹敵する。

彼はシミュレーションの時計の針を戻すことで、産業革命以前とまったく同じ気候を――少なくとも気温にかんしては――再現することができた。

産業革命以前の大気中の炭素量は、環境活動家が常に追い求めているものだ。有名なのはアル・ゴアが示した、過去65万年間に大気中に放出されてきた炭素濃度を示す「ホッケースティック」型のグラフである。200年ほど前に産業革命が起こる前は、二酸化炭素濃度は概ね180ppmから290ppmの間で推移し、比較的安定していた。20世紀になり、機械が普及して汚染物質を排出するようになると、炭素濃度は、ホッケーのスティックのような形を描いて急増した。それまで安定していた数値が、突然400ppmを超えて急上昇し、さらに増え続けているのだ。

ラントは、日よけ――数兆ドルの費用と数十年という年月がかかる、壮大なスケールの工学的事業――がもし展開されれば、熱帯周辺の海水温はある程度下がるだろうことを突き止めた。そこまでは順調だ。地球全体に涼しい空気を届けるには、熱帯の海水温を下げる必要があるからだ。熱帯を貫く赤道は、太陽が強烈に降り注ぐ場所であり、日よけはそのエネルギーを減少させることだろう。しかし彼は、日よけによって向きを変えられた太陽エネルギーが、世界各地に不均衡に分配されることも発見した。これは、コンピューター・モデル上では異常を引き起こした。海洋のパターンが乱れ、極地の気温が劇的に影響を受け、干ばつがより多くの場所で現れたのである。

日よけが原因となって起きる太陽エネルギーの遅配によって、最も気温が上昇したのが北極地方だった一方、アフリカの南大西洋沖では、気温が最も低下した。赤道からそれぞれの極へ向かう太陽エネルギーの自然な輸送のバランスが、崩れてしまったのだ。

日よけがあってもなくても、太陽放射は決して均一ではないことに留意する必要がある。太陽エネルギーの量は、太陽の入射角によって変わる。赤道では入射角はほぼ垂直のため、地球上のほかの場所と比べて最も多くの熱を受け取る。両極地は入射角が小さいため、受け取る熱の量は少ない。熱は赤道に到達すると、ものすごく単純に言えば、南北へと分散し、遠くに行けば行くほど徐々に冷えていく。そして極に達すると、大気は再び赤道に向かって戻っていき、対流による大気循環が続いていく。

ラントは、ふたつのシナリオを比較した。ひとつは産業化以前の世界、もうひとつはジオエンジニアリングがおこなわれた世界だ。「われわれは水文循環でも重要な違いを発見した。日よけのある世界は、産業化以前の世界よりも概ね乾燥していたのだ」

日よけには一般的な効果として確かに冷却効果があるが、それによる異常は広範囲に拡散し、重大な未知の事態が引き起こされるおそれがある、とラントは結論づけた。したがって、宇宙空間でのジオエンジニアリングは「ばかげたアイデアだ」と彼は言う。海洋のパターンや極地の気温を乱したり、干ばつを発生させたりするかもしれないと指摘されている日よけを、頭のなかだけで考えた理屈を飛び越えて、実際に建設してしまうのは相当に恐ろしいことだ。そして費用も少しも安くない。たとえば、エンジェルとワーデンの提示する案は、3兆ドルにもなる。

高コストで複雑な話であるにもかかわらず、宇宙空間での製造、つまりモノづくりを目指す大計画は立てられつつある。これが日よけという結果にいずれなるのかどうかは、まだわからない。

国際宇宙ステーションにはすでに小さな製造設備があり、3Dプリンターの手法を使って機材などを作っている。またカリフォルニア州のメイド・イン・スペース社は、まったく新しい構造を生み出すために、「宇宙環境ならではの特性」(つまり無重力)を利用して、材料を設計する新たな方法を模索している。「この世のものとは思えない(out of this world)」〔メイド・イン・スペース社について語る際によく引用される言葉〕という表現では、過小評価かもしれない。

たとえ宇宙での製造が進んでも、私たちの未来をジオエンジニアリングで変えることに、ラントは懐疑的だ。「再生可能エネルギーと脱炭素化のコストはじゅうぶん下がってきている。私はそこに未来があると思う。だから個人的には、そこが研究の進むべき場所、資金の向かうべき場所だと思っている」と彼は言う。

エンジェルもまた、喧伝された日よけの野望から、もう先に進んでいる。「光学と物理学を生かして、太陽エネルギーを化石燃料よりも安くする。そのために自分の時間を使ったほうがよい、という結論に達したよ。以来、私はそれに取り組んできた。二酸化炭素の温暖化効果を日よけで阻止するより、二酸化炭素の排出を止めたほうがいい」と彼は話す。

ラントが最も心配するのは、日よけにつきまとう影響だ。たとえば魚の回遊や渡り鳥の渡りのパターン、受粉のサイクルなどに異常が現れたり、季節の変化がおかしくなったりするといったことだ。それらには、計り知れない形で生態系を変える可能性がある。農業が、さらには食料源が脅かされるかもしれない。太陽のエンジニアリングは電灯のスイッチとは違う。「スイッチを切ることはできないのだ」とラントは言う。

地球の気温が突如変化したら、なにが起きるか調べている科学者もいる。彼らは生物種の大量絶滅が起こる可能性に気づいた。動植物を始めとするあらゆる生物は、環境にきわめて敏感だ。ほんのわずかでも気候が変われば、大異変が進行してしまう。たとえばこの１００年の間に起きた地球温暖化は、一部の人が「第6の大量絶滅」と呼ぶものを引き起こす一因となっている。私たちが知る過去5回の大量絶滅イベントは、世界を苦しめ、生物を抹殺してきた。そして私たちはいま、恐竜の時代以降、経験したことのないペースで生物種を失っているのだ。

地球上にはおよそ９００万種が生息している。微細な海洋生物や私たち人類もそこに含まれる。種は常に絶滅しており、これを背景絶滅率と呼ぶ。通常、それは1年間に5種の減少を意味する。ところがいまや私たちは1日当たり数十種を失っており、それはこれまでの背景絶滅率の1万倍にものぼる。もしこれが続けば、今世紀半ばまでに地球上の全生物種の半分が姿を消すかもしれない、と予測されているのだ。

一部の種には、温暖化が進行する地球に適応する時間があった。しかし太陽のエンジニアリングによって、いきなり温暖化が逆行すれば、それらの種は消える運命にある。急速な絶滅が起こるだろう。

ランドが取り組んでいるディープタイムの実験は、太陽のエンジニアリングによって太陽エネルギーが減少したら、なにが起きるのかを如実に表しているのかもしれない。「興味深いことに、太陽エネルギーの減少と高い二酸化炭素濃度が組み合わさった時期が、かつて地質時代にあった」と彼は言う。それは5億年前のカンブリア紀だ。「要するに、未来の気候を人為的に改変する——日よけのある世界を作る——ことは、カンブリア紀に時計の針を戻すことになぞらえられる」というのだ。

地質時代の記録によれば、当時の地球は比較的温暖で、実際、北アメリカはむしろ熱帯だった。地球上の動物の大半が最初に出現した（現存するほぼすべての動物「門」（体の基本構造）が出そろった）のが、カンブリア紀だった。カンブリア爆発とは、この時代に多様な生物が爆発的に出現したことをいう。しかし、なにもかもがそんなに絶好調だったわけではなかった。この時代の後に氷期がやってくると、地球史上3番目に大きいとされる大量絶滅イベントが発生したのである。くだけた言い方をすれば、ちゃぶ台返しが起きたのだ。

宇宙での実験がおこなわれない限り、太陽放射管理によって起こりうるどんな結果も、理論上のものでしかない。しかし宇宙旅行が注目されているいま、理論から実践へと状況は変わるかもしれない。なんだかんだ言っても、宇宙初の車はいま、イーロン・マスクのおかげで宇宙のどこかを漂っているのだ〔イーロン・マスクは愛車だった赤色のスポーツカー、テスラ・ロードスターをロケットに搭載して打ち上げた。この「宇宙初の車」は、火星を超える楕円軌道をとる人工惑星として、太陽を周回している〕。ふいに、日よけもそれほど突飛な話には思えなくなる。むしろ、おびただしい数の生物が絶滅し、ひょっとすると私たち自身もそこに含まれる可能性があるということのほうが、まともに想像できない。

＊　＊　＊

○地球を動かす○

地球がもっと太陽に近ければ、気温は急上昇するだろうし、太陽から遠く離れていれば、私たちは凍えるだろう。太陽系のなかで私たちがいる位置は、現代の地球での暮らしにうってつけだった——比較的最近までは。だが正しい方向へ地球を少しばかり動かしてやれば、温暖化を打ち消すのにじゅうぶんな程度に地球を冷やすことができる。

イギリスの公共放送BBCが報道したのは、宇宙空間で水素爆弾を爆発させて地球を揺さぶり、太陽から遠ざけることで、地球を冷やすというアイデアだ。慎重な分析により、それはうまくいきそうもないことがわかっている。地球はあまりに大きく、あまりに高速で移動しているため、宇宙空間でたとえ100万発の核爆弾を爆発させても、意味のある距離を移動させることはできないのだ。

しかしアメリカ航空宇宙局（NASA）の非常に真剣な科学者のなかに、いざとなったら、実際に地球を太陽から遠ざけられるアイデアを思いついた人たちがいる。これはスイングバイと呼ばれる方法で、現に私たちはこれを使って、宇宙空間で人工衛星の軌道を変えている。木星と土星を探査し、それらの惑星を使って、宇宙探査機ボイジャー2号を太陽系外へと送り込んだ方法でもある。

スイングバイは宇宙空間で、惑星など大きな天体の重力を利用しておこなわれる。惑星に小さな物体が接近すると、物体は惑星の重力場に捕らえられる。その力によって小さな物体は惑星のそばを通過し、勢いよく放り出されるのだ（惑星の重力に引っ張られ、離れるときにはその公転運動のエネルギーを得て加速する）。しかしこのとき、大きな天体にもなにかが起こる——エネルギーが奪われ、少しばかり軌道から外れるのだ。小さな物体には、惑星の軌道を実質的に変えられるほどの重さがない。しかしじゅうぶん大きければ、天体を移動させることができる。

カリフォルニア州にあるNASAのエイムズ研究センターのグレッグ・ラフリン博士は、同僚とともに考案したある計画を公表している。地球を宇宙のもっと涼しい場所へと動かすことができる計画だ。彼いわく、それほど複雑なものではない。

まず、エンジニアが彗星か小惑星を乗っ取り、地球にじゅうぶん近づくように向きを変える。それは地球をかすめるように通過し、その際、いくばくかのエネルギーを地球に与える。その小惑星か彗星は、太陽系の外側に向かって放り出され、もっと大きなエネルギーを拾って、ブーメランのように地球に戻ってくる。そのプロセスを繰り返すのだ。じゅうぶんな回数を通過させれば、地球はいまよりも太陽から離れた軌道へと移動することだろう。ほらご覧！　クールな地球の出来上がりだ。

これがうまくいくかどうか、疑問は当然ある。まず、どうやって彗星なり小惑星なりを乗っ取るのか（彗星と小惑星は似ているが、成分が異なる）。２０１４年に欧州宇宙機関は、彗星に探査機を着陸させることに成功し、方法はあることを証明した。今後もさらに多くの彗星や小惑星への着陸を計画している。つまり、宇宙空間に浮かぶこれらの物体を捕まえる技術はすでにあるということだ。次は、どうやって小惑星を狙いどおりの場所へ動かすのか、だ。ロケットを括りつけてやればいい。少なくともそれがラフリンの計画が求めていることだ。その次にやることは明らかだ。ロケットを地球に向けてやればいい。

小惑星を地球に接近させることによる危険は、もし計算を間違えれば、小惑星が地球の大気と衝突するということだ。そうなれば、地球の生物圏で生き残れるのはおそらくバクテリアだけだろう。

たとえスイングバイによって地球をうまく動かせるとしても、月との間で重大な結果が生じるだろう。月はこれまでのようには機能しなくなる。月がなければ地球の自転は速くなり、１日がわずか8時間になる。風は地球の自転に引きずられて、世界中で劇的に速まる。時速１６０キロメートルの風が毎日発生し、ハリケーンや台風に影響をおよぼして、それらをメガストームに変える。立木はなぎ倒される。潮汐は遅くなる。命を育むのに必要な海中の化学物質は失われるだろう。長い時間をかけた進化は終わりを告げる。しかし当面の間、私たちは涼しくいられる。

○月で作る超巨大レンズ○

ロジャー・エンジェルとピート・ワーデンは、太陽放射の向きを変える装置、つまり日よけを宇宙空間に置くことを考えた最初の人物ではなかった。さまざまな核兵器の研究開発をおこなっているカリフォルニア州のローレンス・リバモア国立研究所の科学者ジェームズ・アーリーが、１９８９年に月の岩石などを材料にして作ることができる、薄いガラスのシールドにかんする理論を立てたのだ。彼はそれをラグランジュ点の近くに置くことを提案した。

アーリーはシールドが取りうるデザインも示した。それは幅がアメリカ本土のおよそ半分、２０００キロメートルに達するものだった。紙のように薄いが、重さはおよそ１００メガトン（１メガトンは１００万トン）のレンズになる。

それほど巨大なものを作るのは、控えめに言っても相当困難だろう。地球から打ち上げるのはほぼ不可能だ。そのためアーリーは、月に入植し、それを月で作ることを提案したのである。レンズは組み立て式で作られ、月からラグランジュ点――いわゆるＬ１――へと運ばれる。設計は30年前でさえ非常に高コストで、１兆ドルから10兆ドルかかるとされた。

いまはもっと効率が上がり、いくらかコストは下がっているかもしれない。しかし、実現可能性は変わらない――不可能だ。

『ＭＩＴテクノロジーレビュー』誌は、アーリーの構想を今日の状況を鑑みて分析し、「そのような巨大建造物は、すぐに実現可能とは思えない」と結論づけている。

将来的には、宇宙空間での大規模建設プロジェクトに着手できるようになるかもしれない。実際、月に入植する見込みは現実に近づいている。数十年にわたり、科学者は月面に研究基地を作ることを目指して計画を立ててきた。これまでは費用がかかりすぎるため考えにくかったが、テクノロジーと宇宙探査の進展はその経済的側面を変えた。ある最近の計画によれば、２０２２年までにわずか１００億ドルで、月面に研究基地が作れる見込みだ。アメリカの防衛予算だけで、この金額の70倍以上にのぼる。

宇宙空間での建設はまた別の問題だ。国際宇宙ステーションではちょっとした組み立て作業でさえ困難で、あまりにも時間がかかるのだ。映画『ゼロ・グラビティ』のなかで、宇宙空間で制御不能に陥ったサンドラ・ブロックとジョージ・クルーニーに、キューを出してみればいい。

第3章 炭素を捕らえる人工の木

溶融炭素の発見

ワイオミング州の地下に、莫大な量の溶融炭素が眠っていることがわかった。それははるかカナダまで続いている。リンを含んだ燃えたぎる溶岩――まさしく地獄――が、メキシコとほぼ同じ面積に広がっているのだ。もしこれが解き放たれれば、大気は二酸化炭素で高濃度に汚染され、私たちの知る地球の気候は終わりを迎えるだろう。

気候変動の主因である炭素の排出源はたくさんある。二酸化炭素は温室効果ガスの一種で、肉眼では見ることができない。私たち人類を含む動物も、植物も、土壌なども、酸素を使い、二酸化炭素を排出する。火山や森林火災の灰からも、二酸化炭素は放出される。海洋でさえ、大気との交換で膨大な量の二酸化炭素を吐き出している。

しかし炭素の排出と最も密接に関係しているのは、石炭だ。石炭には酸素や水素、硫黄、窒素、ときにはほかの元素も含まれる。地中に埋もれた植物が数千万〜数億年という長い年月の間に地熱・地圧などを受け、石のような固体になったもので、褐炭、瀝青炭、無煙炭、黒鉛など、さまざまな種類がある。石炭は数世紀にわたり、燃料として使われてきた。

溶融炭素はまったくの別物である。地下深く、上部マントル内の800度の温度にもなる場所に存在する。そこでは鉱物は溶けている。上部マントルの規模は莫大で、そこに含まれる炭素の量は、これまで地球全体に存在すると考えられていた量をはるかに上回り、100兆トンに達する可能性がある。もし放出されれば、溶融炭素は大気を変え、地球を居住不可能な星にしてしまうだろう。ありがたいことに、その溶岩のような炭素の海は、地下320キロメートルよりも深い場所にある。それが2017年に、世界最新の感震センサーによって発見されたのだ。

ロンドン大学で教鞭を執る地球物理学者のサスワタ・ハイアー＝マジュンダー博士によれば、博士がセンサーを使って深さおよそ2900キロメートルに位置するコア－マントル境界のマグマ性溶融体を調べていたときに、ひとりの同僚がもっと地表に近い場所に、異常を見つけたことがこの発見につながった。マグマ性溶融体とは、地球深部に存在するマグマ——溶融した岩石——の領域のことだ。地球の外側の層はほとんどが固体で、ところどころ溶融している。ハイアー＝マジュンダーは自らの専門知識を応用し、その異常な領域に存在する溶融体の量と、そこから放出されうる炭素の量を計算することができた。その量は途方もなかった。世界で確認されている石炭埋蔵量に含まれる量の100倍だったのだ。

それは必ずしも、発見されたすべての炭素が近いうちに大気中に放出されることになる、という意味ではない。炭素がそれほど深い場所からゆっくりと対流し、地表に到達するまでには、何億年もかかるだろう——火山の噴火でも起きない限りは。

ワイオミング州のイエローストーン国立公園の直下には超巨大火山《スーパーボルケーノ》があり、溶融炭素の海はその下に横たわっている。もしイエローストーン火山が、60万年以上前にそうであったように噴火すれば、火山灰はアメリカ全土を覆い、いわゆる核の冬が起こるだろう。

イエローストーン火山は休眠中とはいえ、1日当たり4万5000トンの二酸化炭素を放出する。それは乗用車1万台が1年間に排出する量に匹敵する。もし最近発見された溶融炭素が火山熱の作用によってわずか1パーセントでも逃げ出したら、それは2兆3000万バレルの石油を燃やすのと同じことになる、とその発見に取り組んだハイアー＝マジュンダーたち科学者は語る。もちろんそれは好ましいことではない。しかし博士は言い直す。地表への差しせまった放出というリスクが本当にあるとは考えていない、と。「この炭素の溜まり場は地中深くにあり、その滞留時間はおよそ10億年だ」。もしそうだとしても……。

2018年夏、イエローストーンの地表に、長さ30メートルのものを含む複数の亀裂が現れた。人々はそれを、近いうちに噴火が起こる予兆だと受け取った。このような異変に留意するのは悪いことではない。しかしハイアー＝マジュンダーは、パニックになる必要はまったくない、必ずその地域でさらに詳しい調査がおこなわれるはずだ、と話す。彼の研究――地球深部のマグマ性溶融体（部分溶融体ともいう）の発見――があまりに難解なため、人々は、彼が素人にもわかる言葉にかみ砕いて示す例えから危険を憶測する、という罠に簡単に陥ってしまう。彼は映画『ジュラシック・パーク』でカオス理論を説明しようとするジェフ・ゴールドブラムを、少しばかり彷彿とさせる（もちろんそんなに単純な話ではないが）。

ハイアー＝マジュンダーが実験で頼りにしたのは、宇宙時代のテクノロジーだ。北アメリカ全域に８２０個の地震計を設置し、そのデータを多くの地震データと比較したのだ。こうしたことは、それまでおこなわれたことがなかった。地球深部にＣＴスキャンをしたようなものだ。

彼はまた、溶融がもっと多く起きていそうなハワイと東南アジアの難解なデータについても研究を進めており、「地球全体の溶融体の地図を作成したい」と語る。地下に眠る溶融炭素の量は、従来の推定量をはるかに上回るとはいえ、要するにまだわかっていないのだ。

確かなのは、私たち人類が毎年大気中に放出する二酸化炭素量が、およそ４００億トンであるということだ。気温の上昇を抑えるためには、その数値をただちに25パーセント削減しなくてはならない。だが現実には、逆のことが起きている。現状のままでは、世界の排出量は２０３０年までにおよそ50パーセント増加する。この数値は、シナリオの想定や温室効果ガスの混合率の違いによって変わってくるが、肝心なのは、自然が従来の炭素循環によって消費できる量もスピードも超えて、私たちは二酸化炭素を発生させている、ということだ。

すべての生き物は炭素でできている。私たちは生きて、呼吸して、死ぬ。地中に入った炭素はやがて地表にたどり着き、大気へと戻る。その循環はおおむね帳尻が合うようになっていて、そのおかげで気温は安定した範囲に収まっている。人口や汚染物質や炭素排出量が増加すると、この循環が妨げられる。大気中の二酸化炭素が150年前に比べておよそ30パーセント増加したのも、地球の気温が2度近く上昇したのも、このためだ。

この数値を超えて気温が上昇すると、これまでの章で説明したとおり、あらゆる種類の危険な結果が現れ始める。熱死、ハリケーンの激化、海面上昇、環境の異常が頻発するようになる。救いの道は、炭素の排出量を削減するだけでなく、より多くの炭素を回収し、貯留することにある。それは慎重を要する仕事だ。

自然界最大の二酸化炭素の回収装置は海洋で、人間が発生させる二酸化炭素のおよそ30〜50パーセントを吸収する。2番目に大きな吸収源は森林で、人間が生み出す二酸化炭素の25パーセントを吸収する。残りは、土壌などが吸収する。炭素は、大気中から回収し、貯留する必要があるのだ。そうしなければ大気中に蓄積してエネルギーを放出し、私たちがいま経験しているように、気温が異常に上昇してしまう。

炭素の吸収源としての海洋や陸地をもっと広げる、というのはもちろん不可能な話だ。そのための地球がもう1個必要になってしまう。しかし樹木であれば、もっと多く植えることができる。理論的には、木を植えれば植えるほど、より多くの炭素が吸収される。しかしそのプロセスでさえ遅々としたものだ。平均的な1本の木が大気から1トンの炭素を吸収するのには、およそ40年かかる。思い出してほしい――人間の活動だけで、毎年何百億トンもの炭素が排出されていることを。複数の試算によれば、炭素を大気中から大幅に回収するには、インドの3倍の面積に木を植える必要がある。さらに付け加えると、仮にそれだけの森林が突然出現したとしても、大気中に浮遊する炭素を、いわば大地に取り返すには、数十年のタイムラグが生じるだろう。

人工の森へ

クラウス・ラックナーが別の種類の木を作ることにしたのは、そのためだ。

アリゾナ州立大学のスクール・オブ・サステナブル・エンジニアリング・アンド・ザ・ビルト・エンバイロメントの教授であり、ネガティブ・カーボン・エミッション・センターを率いるラックナーは、自然界独自の炭素回収システムよりも優れた方法を考案した。1日に1トンもの二酸化炭素を吸収することができる、人工の木を作ったのだ。その森があれば、人間が発生させる炭素の全排出量を相殺してなお、余りあるだろう。残念ながらいまのところ、ラックナーの木はキャンパス外には1本しかない。それはアリゾナ州のメサ近郊の、周囲には砂と灌木くらいしかない砂漠に、ぽつんと立っている。ラックナーの木は、深い森のなかにある自然の木と比べると、たとえ1本でも指数関数的な速さで炭素を処理する。二酸化炭素というのは、いったん排出されると回収されるまでに長くかかる

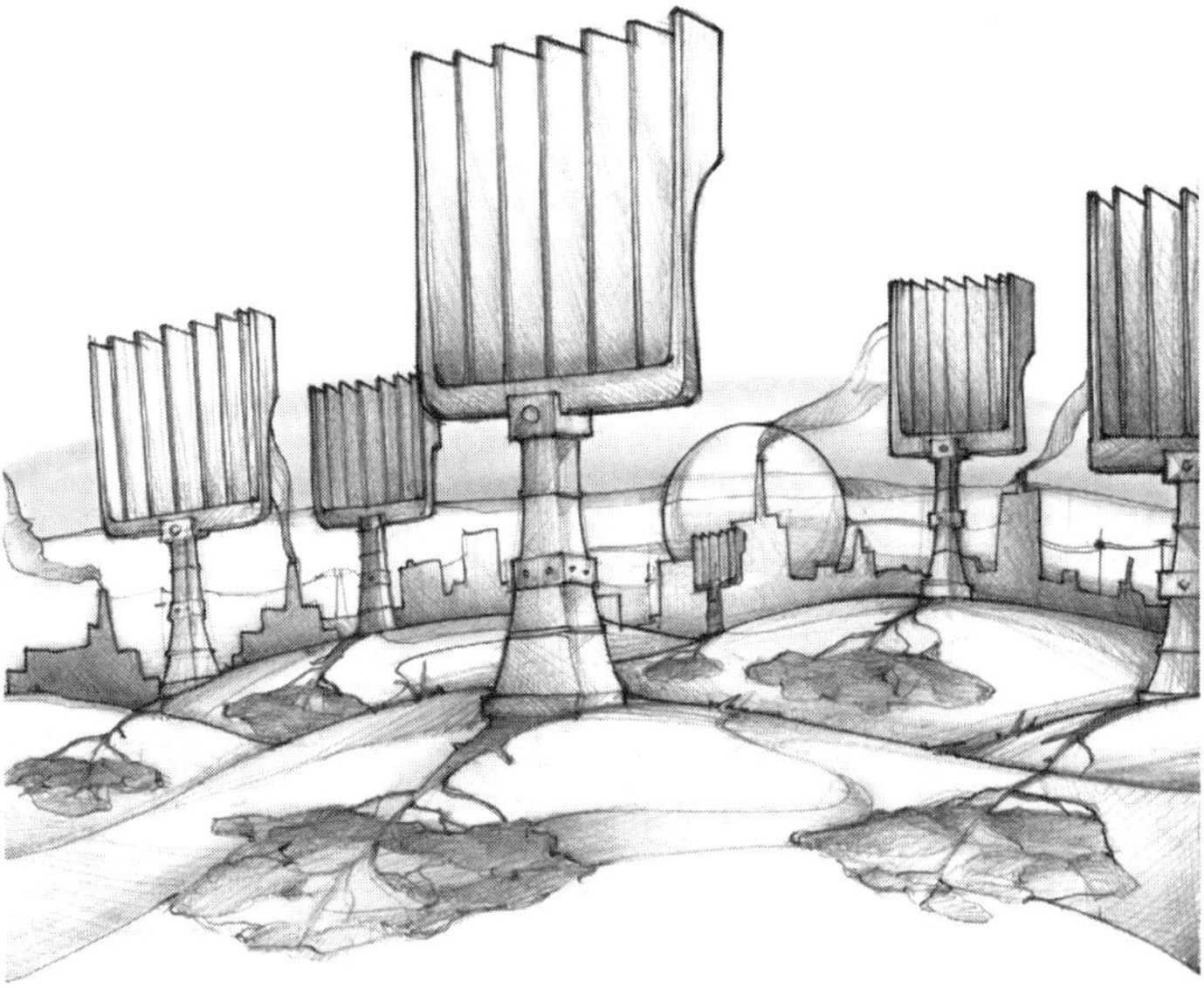

人工の森

ため、時間の経過とともに大気中に蓄積していく。ラックナーは、人類がどれほどうまく二酸化炭素の排出を減らせるようになっても、そこにはなお数十年のタイムラグがあるだろうということを悟った。大気中の炭素量が、破滅的な気温上昇を防ぐために科学が要求する限界をすでに超えていることを考えれば、より緊急の解決策が必要であることは明らかだった。これが、広大な偽物《フェイク》の森、というアイデアにつながった。

　ラックナーは、数学的方程式と物理的計算の観点から思考する、イカれた天才《マッド・ジーニアス》のひとりだ。原子爆弾の開発で有名なロスアラモス国立研究所の元科学者だった彼は、１９９０年代前半のある日、人間がいない世界、つまり機械が自己複製できる世界についてじっくり考え始めた。機械は自己複製できるのだろうか。実際、それは可能だ、と彼は気づいた。しかしクローンを作るためには、なんらかの持続可能なエネルギー源が必要だ。ロボットや人工知能のどんな話でも、エネルギーの生成にはどうやらまだ人間の手が必要とみえる。あるいは少なくとも人間による始動が必要だ。

エネルギーの生成を考えるにあたり、ラックナーはエネルギーのごみ、つまり炭素の排出についても調べた。そして好奇心の赴くまま、世界がカーボンバジェット（炭素予算。地球温暖化による気温上昇を一定の数値に抑えようとした場合、その数値に達するまで二酸化炭素をあとどれほど排出してもよいか、という上限を表す）を抑えるには、なにが必要なのだろうかと考えた。ラックナーは在庫、原価、費用といったバジェット（予算）の観点から考える。炭素はこの方程式解析にうまくフィットするのだ。

「カーボンバジェットには限界がある」。アリゾナ州立大学構内の４階の殺風景な研究室で、回転いすの背にもたれかかりながら彼は語る。窓の外に４本の自然の木（フェイクの木ではなく）が見えるのが、ちょっと皮肉な感じだ。

ドイツ語訛りで話す壮年のラックナーは、冷静かつ客観的な思考態度を備えた人物で、実例を挙げて議論を展開する。「なぜなら……だ」とか「それは……という意味だ」という話し方は、彼が教育者であることを如実に感じさせる。そういうわけで、ラックナーは、カーボンバジェットの限界は空気粒子１００万個当たり炭素４５０個（４５０ｐｐｍ）以内だ、と述べると、その限界を計算した理由と方法について詳しく説明してくれる。だが結論を言えば、このままだと私たちはすぐに――17

年以内に——そのバジェットを超えてしまう、ということだ。450ppmというカーボンバジェットとは、地球の気温上昇を有名な2度に抑えられるという意味だ。2度は大きな値だが、まだなんとかやっていける。だがこのバジェットを超えてしまえば、たちまち私たちのよく知る気候は変わってしまうだろう——もっと悪いほうに。熱波や海面上昇など、推測されているあらゆる恐ろしいシナリオが、現実のものとなる。「そうならないために、じゅうぶんな速さでなにかをしよう、と世界を納得させられるとは思わない」と彼は嘆く。それが、彼があの木を作った理由だ。

ラックナーの木はたとえ森のなかに立っていても、おそらく見逃すことはないだろう。それは金属製の装置で、「葉」に相当するのは炭素を捕らえる膜だ。空気が膜を通過すると、二酸化炭素が捕集され、回収され、保管される。自然の葉も似たようなことをやっていて、炭素を金属製のタンクではなく、茎や枝や根に貯めている。ラックナーの木は、炭素をステンレススチールのタンクへ送っている。

樹木などの植物は、太陽光のエネルギーを使って大気中の二酸化炭素と土壌の水から有機物（養分）を合成し、それらを貯めて成長のために利用している。ラックナーは水を使う。大気中の水分は捕らえられて乾く際に燃料のような働きをし、貯留のプロセスを稼働させるのだ。

高さ3.5メートルほどのラックナーの木は、フットボールのゴールポストのような形をしている。垂直材の間にはアコーディオンのような膜があり、それが帆のように広がって、大気と大気中の炭素分子を捕集する。膜は収縮する際に炭素を押し出して、タンクのなかへ送り込む。

その木が取りうる形状はさまざまだ。もっと見た目が自然な、ヤシの木のような形でもいいし、ムカデのような形でも、はたまたテレビアニメ『スポンジ・ボブ』の主人公みたいな形でも構わない。実はこれこそが彼の研究室からほど近い、実験室内のミニチュアの「木」の外見だ。高さは2メートルもない。

しかし、そのスポンジ・ボブのようなミニチュアの木は、現在入院中だ。炭素の回収量や放出量を測定するため、さまざまなチューブやセンサーやモニターが取りつけられている。空気を吸い込み、二酸化炭素を吐き出すたびに、膜がまるで肺のように上がったり下がったりしている。

およそ1.8メートル×1.2メートルのその木を森にすれば、化石燃料から毎年大気中に放出される量に相当する、360億トン分の二酸化炭素をすべて消費できるだろう。もっとも、その森には1億本の木が必要になる。ものすごい数だと思うかもしれないが、地球上には3兆本以上の樹木があるのだから、それほど突飛でもない。別の見方をすれば、世界には10億台を超える自動車がある。ラックナーはこの点をとりわけ重要だと考えている。それだけの数の車を生産する設備がじゅうぶんにあるのなら、彼の装置を大量生産する能力はあるからだ。たとえば上海港では、満載の輸送用コンテナを、年間4000万個取り扱っている。「つまり上海港の近郊には、コンテナ4000万個分の機器や商品を製造できる工場があるということだ。われわれは、年間1000万個のコンテナに空気回収装置を詰め込むだけでいい」と彼は言う。だから、炭素の少ない世界を目指すために、必要な数の空気回収装置を製造し、輸送することは可能だ。なんの問題もない。

しかしラックナーの木の大量生産には、ふたつの問題が立ちはだかっている。資金と政治的な意思だ。ラックナーの木の製造には、1本当たり2万〜3万ドルかかる。1本なら平均的な車1台くらいの価格だ。だが数が増えれば、コストは莫大になる。

政治的な意思については、「われわれは可能性とリスクしかないときに、行動を起こすのは難しい」と彼は言う。科学的理論では、政策立案者はお金を出さなければいけない、という気持ちにはならない――本当はそうであるべきなのだが。「政策立案者は、常に不確実性に対処する必要がある。実際、それが彼らの仕事だ。われわれは金利や税金をどうするか、戦争を始めるか否かなどを決定する際にはいつでも、不確実性に対処しているのだ」と彼は語る。気候変動もなんら違いはない。それは私たちがこれまで対処したことがない、ひとつのリスクにすぎない。社会的な活動では気候変動に対処するには不十分だ。新たなたぐいのリスクは、新たなたぐいの解決策を必要とするのだ。

ラックナーは要点を明確にするために、炭素の過剰排出は廃棄物管理と似たような問題だ、と説明する。「われわれは廃棄物や下水については（a）完全に防ぐことはできない、（b）そのまま捨ててはならず、適切に処分しなければならない、という結論に達した。二酸化炭素についても、同様に考える必要がある」

排出する量よりも多くの二酸化炭素を大気中から除去しなければならないのも、同じ論拠による。私たちは、これまでに捨ててきたものを片づけなければならないのだ。炭素の回収が長い将来にわたって高くつくのはこのためだ。誰かがいずれ、その大気のごみに向き合い、代価を払わなければならなくなる。そしてその誰かとは、おそらく次の世代である。

貯留をどうする？

アリゾナ州立大学のキャンパス内の木々の幹には、樹名や利点が記された小さなプレートが取りつけられている。そこには「オレンジ材の材料となる。おがくずは宝石の研磨に、果実はマーマレードに使われる」とか「アリゾナ州の造園や景観整備でよく使用されるヤシ。手間がかからず、急成長する。しかし難点は、高木になると、一般の所有者には剪定ができないこと」などと書かれている。学生たちは樹木やプレートにはほとんど目もくれず、徒歩で、あるいは自転車やスケートボードに乗って、せわしなく通り過ぎる。キャンパスの中心で異彩を放つラックナーの木を「大気中から二酸化炭素を回収する技術」と紹介するプレートでさえ、あまり注目はされていないようだ。

この装置のハイテクなイメージを表現したポスターには、自然の木々や、遠方には煙突や雲、青空、そして近未来的な外観のトラックや自動車が走る幹線道路と、その上を飛ぶ飛行機が描かれている。もちろんこれは、アーティストの解釈による、のどかで美しいイメージのポスターだ。もし本当にあの木が1億本立ち並んでいたら、何キロメートルにもわたって広がるその区画は、映画『マッドマックス』のワンシーンのように見えるだろう。

ラックナーの計画によれば、人工の木は同じひとつの森に集められるのではなく、世界各地に、理想としては炭素に高濃度に汚染された場所——慢性的に渋滞が発生する幹線道路や石炭火力発電所——の近くに設置される。炭素の排出が集中する場所に近ければ近いほど、回収できる炭素は多くなるからだ。

フェイクの木を自然の木の代用物のように考え、野原に立ち並ぶ姿を想像すると、ＳＦのようなイメージ——ラックナーの木が誕生する発端となった、「機械は自己複製できるのか」という最初の前提——が想起されるかもしれない。しかし幹線道路沿いや工業地帯に人工の木を設置することは、環境的にもそれほど悪趣味ではないはずだ。人工の木がある世界は、植林した樹木が大きく枝を広げ、緑豊かに生い茂る広大な森——森林再生を支持する人々にとって大切なイメージ——とはかけ離れているかもしれない。そうだとしても、フェイクの木は、大気中から炭素を減らすための包括的な解決策のひとつにならざるを得ないのかもしれない。

「われわれにはできる」とラックナーは断言する。

しかし、仮に私たちができるとしよう。仮にフェイクの木が大気中の炭素を回収し始めるとしよう。その集めた炭素をどうすればよいのだろう？　どこに貯留すればよいのだろうか？　ラックナーは、その気体を燃料に変えるのが最も理にかなっていると考えている。ほかにも、炭素を地下に埋設したり、レンガなどの建材に変えたり、海底の奥深くへと送り込んだりするといった案がある。

それらの案はいずれも争点だらけだ。環境保護団体のグリーンピースは、炭素の回収と貯留はうまくいかないと主張する。技術は未完成、コストはかかりすぎ、効果もない、と身も蓋もない。さらにグリーンピースは、炭素の貯留は危険な事業だと言う。「実際に削減を達成するには、回収され地下に注入された炭素が永久にその場にとどまらなければならない。もし大気中に漏出すれば、気候変動はさらに悪化し、人や動物を脅かすだけだ」

グリーンピースはある報告書のなかで、炭素の回収と貯留にまつわる危険や欠点について、次の3例を挙げている。

2011年にアルジェリアのインサラーでは、二酸化炭素を砂岩に注入したことによって地震が発生した。

世界最古の二酸化炭素の圧入地のひとつであるノルウェー領北海のスレイプニルでは、海底に巨大な裂け目が見つかった。それは、いずれ二酸化炭素が漏出することをほぼ確実に意味する。

ミシシッピ州では貯留井から大量の二酸化炭素が漏れ、その近くで鹿などの動物が死んだ。

炭素の回収について懸念しているのは、グリーンピースなどの環境保護団体だけではない。さまざまな炭素回収・貯留技術を調査した科学者グループも、ほぼ同じような結論に至っている。コストがかかるうえ、漏出のリスクがある、ということだ。

直接空気回収（DAC）〔大気中の二酸化炭素を直接吸収することによって減少させる技術〕が高くつくのは、さまざまな工学技術や機器や貯留施設が必要なうえ、変換プラントの稼働にエネルギーのコストがかかるためだ。その稼働は大きな需要に応えられるほどのじゅうぶんな規模が欠かせない。それを経済的に実現可能にし、コストを下げる唯一の方法は、合成燃料〔二酸化炭素と水素を合成して作られる燃料で「人工的な石油」とも言われる〕の大量生産だ。もちろんその価格は、市場におけるガソリン小売価格や電気代、水素スタンドでの水素価格と勝負できるものでなければならない。

現在、世界が直面している苦境とは、これ以上の大気中への炭素排出を止める必要があるだけでなく、すでに大気中にとどまってしまっている炭素にも対処しなければならない、ということだ。そのための簡単な答えはないように思える。しかしメサでは、1本の木が育っている。

＊　＊　＊

○地球のエアコン○

クライムワークス社は、石炭火力発電所とは真逆の存在だ。燃料を燃やして多くの炭素を大気中に放出するのではなく、大気中から炭素を取り出して燃料に変換する施設を稼働している。

「我が社のプラントでは、フィルターを使って大気中の炭素を回収する。大気がプラント内に引き込まれると、そのなかに含まれる二酸化炭素がフィルターと化学的に結合する。二酸化炭素で飽和したフィルターは、およそ100度まで熱せられる（エネルギー源には主に低品位熱を使用する）。すると二酸化炭素はフィルターから放出され、高濃度の二酸化炭素ガスとして集められて、顧客に供給される」というのが、クライムワークス社の説明だ。

直接空気回収技術を開発し、炭素を燃料や肥料などに作り変えている企業もある。これらの技術は、回収された炭素がいずれ再放出されるため、「カーボンニュートラル」な計画とみなされる。

クライムワークス社は、炭素を回収・貯留し、数千年、数百万年という単位で大気から隔離する、ネガティブ・エミッション（負の排出）の分野で飛躍的な前進を遂げた。炭素を恒久的に貯留するために、フィルターで集めた高濃度の炭素を、地下600メートルよりも深い場所へ送り込む。アイスランドのプラントでは、炭素を玄武岩の岩盤と反応させて、固体の鉱物にしている。「恒久的かつ安全で不可逆的な、貯留のための解決策が生まれている」と同社は語る。

直接空気回収技術は前途有望とはいえ、いまのところその効果は絶大ではない。たとえばクライムワークス社のアイスランドのプラントが回収する炭素量は、アメリカのわずか1世帯が1年間に排出する量に等しい。スイスのプラントでは回収された二酸化炭素がガスに変換され、温室へと送られているが、その量はアメリカの20世帯分の年間排出量にすぎない。

技術が磨かれていくにつれ、また需要が保証されて価格が下落していくにつれ、プラントでの炭素の変換が増加していくのは間違いない。また他社が技術を向上させ、操業を開始するようになれば、炭素の回収によって大気中の炭素は大幅に減少していく可能性がある。

技術革新のおかげで、大気中の炭素は従来よりもずっと安く回収することができるようになっている。大気中の炭素を合成燃料に変換するのに、数百ドルかかった時代もあったが、最近では1ガロン4ドルほどと、ガソリンの小売価格とほぼ同等になっている。これらの価格を考えると、直接空気回収プラントは、世界中のもっと多くの場所で出現し始めるはずだ。

また、それらはさほどスペースを取らない。クライムワークス社の二酸化炭素回収装置は業務用エアコンのような外観で、1ユニット当たりわずか20平方メートルあれば設置でき、1日におよそ900グラムの炭素を回収する。独自の方法で大気を調節する《エア・コンディション》その装置は、実際、それ自体が地球のエアコンなのだ。

○オマーンのかんらん岩○

オマーンにある一見ごく普通の岩が、大気中から数十億トンの二酸化炭素を回収できることが明らかになった。これらの岩が特異なのは、通常は地殻のはるか下で見つかるからだ。この国では地殻変動によって、かんらん岩のごつごつした細長い岩層の一部が地上に押し出され、大気にさらされているのだ。これによってあらゆる種類の鉱物反応が引き起こされる。かんらん岩の研究者は、この岩には炭素を無機化（鉱化）する力――二酸化炭素を効率的に石に変える力――があることを突き止め、その炭素貯留能力を利用したさまざまなアイデアを提示してきた。

かんらん岩には、かんらん石という鉱物が豊富に含まれている。この鉱物は空気と水に反応して急速に炭酸塩化する。

マントルを構成する岩石の研究は比較的新しいが、コロンビア大学のラモント・ドハティ地球観測研究所の地質学者によれば、炭酸塩化のプロセスを加速させるには、かんらん岩をバラバラに砕き、炭素を回収する鉱物――かんらん石――が空気に触れる面積を増やしたり、井戸を掘って岩層にポンプで水を通したりするとよい。

オマーンには莫大な量のかんらん岩が存在するが、同じ種類の岩はカリフォルニア州北部など、世界各地の鉱山や地表にもみられる。この方法がうまくいくかどうか徹底的に調べるために、少なくとも1か所は試験用地として使えるようになることが望ましい。

地質学者の見立てによれば、「おそらく、かんらん石の炭酸塩化のスピードを上げるひとつの方法は、地中深くの岩塊を穿孔して砕き、185度くらいまで加熱した後、精製した二酸化炭素と水を送り込むことによって、炭酸塩化のプロセスを勢いよくスタートさせることだ。試算では、この方法により、かんらん岩1立方キロメートルにつき1年間に数十億トンの二酸化炭素を固体の炭酸塩鉱物に変換できる」。

これは途方もない炭素貯留能力だ。私たちは地球全体で、毎年およそ400億トンの二酸化炭素を大気中に排出しているが、人間の創意工夫による回収はほとんどできていない。植林しても、つまり耕作地や牧草地、灌木の生える土地に木を植えても、1エーカー（およそ4000平方メートル）当たり年間10トン程度の二酸化炭素しか吸収できない――しかも、これでも非常に高いほうの値である。

かんらん岩がじゅうぶんにあれば、大気中の過剰な二酸化炭素を石に変え、数千年、数百万年先まで（石が浸食されるスピードにもよるが）大気から切り離しておくことができる。それは岩のように確固たる偉業だ。

第4章 砂漠の太陽エネルギーを世界へ

莫大な潜在力

6億人がここアフリカで電気のない生活を送っている。そのような人たちが一番多く集まっているのは、サハラ砂漠のすぐ南の地域だ。彼らは日光と火と、ひょっとすると1台か2台の携帯用発電機でなんとか暮らしている。

彼らにとって、夜間になにも見えないのは大した負担ではない。だが診療所や病院は、日が暮れれば適切な処置ができない。出産は危険なものとなる。出生率も下がる。薬品は冷蔵すれば腐敗を防げる——食品も同じだ。しかし電気がないため、ワクチンも食品も期限まで品質を保持できない。そのうえ原始的な調理法のせいで、屋内の空気汚染が急増している。家のなかで薪や動物の糞、堆肥などのバイオマスを燃やすため、深刻な呼吸器疾患が引き起こされてしまうのだ。調理の際に煙を吸い込むという原因だけで、毎年数百万人が天寿をまっとうできずに命を落としている。もちろんインターネットや電話も利用できない。電気の恩恵がなければ、教育も災害警報システムも、地域の進展もすべて妨げられてしまう。

皮肉なことに、このアフリカ大陸の人口のほぼ半数に相当する、世界人口のなかの大きな割合を占める人々が、地球上で最も多くのエネルギーが自然に発生する場所――サハラ砂漠――のすぐ南側で暮らしている。

アメリカ合衆国に匹敵する広大な面積と、雲に遮られることなく届く莫大な日射量のおかげで、サハラ砂漠は世界全体が必要とするエネルギー量の80倍以上をやすやすと生み出す。しかしこの莫大なエネルギーはほとんど手つかずだ。ソーラー技術はまだ、サハラ砂漠のエネルギー潜在力を捉えきれていない。また南へ伸びる送電線もない。つまり、サハラ砂漠に降り注ぐエネルギーを最も利用できるはずのサハラ以南アフリカの人々にとって、太陽というのはなんとも思わせぶりな代物なのだ。ほかのエネルギー源は高価すぎたり、手が届かなかったりする。いまのところ、ここに石炭火力発電所や原子力発電所を建設しようとする人もいない。これが、あまりにも多くの人が暗闇のなかに取り残されている理由だ。単純に電力へのアクセスがないのである。

漆黒の闇に包まれる夜のサハラ砂漠では、歩き回るのは危険だ。近づいてくるものの気配を察することもできない。片方の足を、もう片方の足の前に出すことは一か八かの賭けで、足元になにがあるのか、目の前に突然なにが現れるのか、誰にもわからない。蛇かもしれないし、岩かもしれない。もしかするとラクダかもしれない。すると別の感覚が働き始める。長いこと体の奥底に眠っていたそれは、しだいに研ぎ澄まされ、情報を補うようになる。聴覚。風が動き、砂が移ろう……ふだんは意識下に置かれた音にじっと耳をそばだててみる。そして体の位置。自分が空間のどこにいるかという感覚。足元から伝わる勾配の変化。なにかがそこにあるような、もしかすると誰かがそこにいるような、なんとも言いようのない気持ちになる。

夜の砂漠では、その場にとどまり、ただ空を見上げるのが一番だ。散りばめられた輝く星々の背景には、吸い込まれそうな無限の暗闇が広がっている。それらの星をひとつひとつ数え上げるのは無益というものだ。とりわけ明るい星を探し出して、その名を覚えるほうがずっといい。全天で最も明るい星、シリウス。北極星も見える。ある程度の集中力と時間があれば、星座は見わけられるようになる。こぐま座（小北斗七星）に、おおぐま座（北斗七星）。オリオン座も輝いている。

サハラ砂漠には、夜空を明るく照らす街灯はない。夜の帳はすぐに下りて、はるか遠くの太陽のカンバスに映し出された人影を飲み込んでいく。

世界銀行の定義によれば、サハラ以南地域に含まれるのは、モーリタニアから大陸を横切り南アフリカに至るまでの48か国だ。平均すると、この地域では1か国を除くすべての国で、人口の少なくとも半数が日常的に電気を利用することができない。世界を見渡すとおよそ10億人が似たような状況にあり、電気のない生活を送っている。電気が最も不足しているのは発展途上国で、そこではおよそ5

人にひとりがコンセントに機器をつないだり、電源を入れたりすることができない。

電気は人類にとって、まるでプロメテウスがもたらした火のような恩恵だ。電気のおかげで、文明社会への仲間入りが可能となる。電気のおかげで、ほとんどの人が自然から距離を置き、人工的な環境で生活することができる。バーチャルリアリティはさておき、夜中にソファーでくつろいだり、明かりが煌々と灯る部屋でテレビを見たり、気ままにキッチンをうろついて冷蔵庫内のスナックを物色したりすることは、昼と夜、暑さ寒さといった自然の秩序に反しているのだ。

電気がまだ完全にいきわたっていない地域は別として（アジアでは10人にふたりが、中東と南アフリカでは10人にひとりが電気を利用できない）、私たち人類は地球に必要な装備を施すことで電気をほぼどこでも利用できるようにし、そのエネルギー源として化石燃料を広く使用している。石炭や石油、天然ガスを燃やして蒸気を発生させ、タービンを回してせっせと発電しているのだ。しかしご存じのとおり、マイナス面はこうしたエネルギー源から排出されるごみ——有毒物質や温暖化を招く汚染物質——である。アメリカでは電力の3分の2が石炭などの化石燃料の燃焼によって作られる。世界全体でもだいたい同じだ。

しかし思い違いをしてはいけない。いま、電気を使っていない人も、いずれ必ずそれを手にする。そしてそうなったとき、現在でさえ私たちを悩ませ、地球を汚しているさまざまな排出物は、彼らが加わることでいっそう増えるだろう。

国際エネルギー機関（IEA）の予測によれば、発展途上国のエネルギー需要は電気が通れば直ちに激増し、２０４０年までに世界のエネルギー消費の65パーセントを占めるようになる。ほとんどの人がコンセントにすでにつながり、伸びがほぼ横ばいとなっているアメリカなど先進国の需要と同等になるのだ。そのうえ、人口の激増が見込まれる発展途上国では、エネルギー需要がさらに膨らむだろう。

昼夜も季節の別もなく、四六時中発生する需要に応えるために、近いうちに世界全体が送電線でつながるようになる。

２０１８年の世界のエネルギー需要をまかなうには、およそ18テラワットの電力が必要だ。ちなみに1テラワットは１００ワット電球１００億個分に相当する。エネルギー需要は２０４０年までに30パーセント近く増え、今世紀末までには、その4倍――１２４パーセント――増加すると予測されている。もし化石燃料が今後も主要なエネルギー源であり続けるなら、私たちが慣れ親しんでいる住みやすい地球を望むのは無理というものだろう。もちろん、ほかにも可能なエネルギー源はある。太陽、風力、地熱、海洋などの再生可能エネルギーだ。それらのエネルギー供給量は、合計しても世界全体の1.5パーセント程度しかない。原子力も世界の電力供給の一端を担っているが、生産コストが高く、悲惨な一連の事態が起きる危険性がついてまわる。

クニースの「デザーテック構想」

1986年4月、チェルノブイリ原子力発電所の原子炉が爆発し、周辺地域と大気に放射能が漏出した。多くの死傷者やがん患者が発生し、環境破壊が引き起こされた。史上最悪の人災のひとつであり、いまだにその放射性降下物の多くが残存している。

当時49歳のドイツの素粒子物理学者ゲアハルト・クニースは、その事故にひどく動揺し、より安全な代替エネルギーについて詳しく調べ始めた。そしてその際におこなったある計算が、彼の人生を変えることとなった。それは「人類が1年間に消費するエネルギーを、世界の砂漠は太陽から6時間足らずで受け取っている」というものだった。この小さな、しかし驚くべき情報によって、彼は砂漠のエネルギー開発という使命に向かって歩み始めた。そのことは彼が「デザーテック」と称した、地球上の砂漠を隅から隅までソーラーパネルで覆う大構想で明らかになった。

砂漠とは、年間降水量が250ミリメートル以下の地域のことだ。極乾燥地域、乾燥地域、半乾燥地域、乾燥半湿潤地域などの形態をとる。すべて合わせると地球の陸地の40パーセントを占める。ソーラーパネルで覆うべき土地はたくさんあるのだ。

クニースはこれを実現させるため、所属していたローマクラブ――各界の有力者の集まり――を通して、企業や政府からなるあるコンソーシアムに協力を求めた。ローマクラブは、人類の未来への解決策を考えるために1968年に結成された、実業家や科学者、経済学者などのエリートの集団だ。デザーテック構想はローマクラブの方向性とうまく合致した。砂漠の太陽エネルギーを活用するという一見突飛な構想は、すぐに真剣に受け止められた。彼らがデザーテック構想を支持する後押しとなったのが、ソーラー技術や送電における進歩だった。

世界人口の90パーセントは、主要な砂漠地帯から3200キロメートル以内に住んでいる。その距離をカバーする送電線があれば、砂漠から離れた場所に住む人々に、つまり世界のほとんどの地域に、クリーンで再生可能なエネルギーを送ることができる。砂漠では太陽のエネルギーに加え、風力や地熱のエネルギーも大量に発生する。地熱は地球自体が内部で生み出す熱だ。その好例は、地球の核から地表へ伝わる熱から生じる温泉である。もちろん風力は、常風を当てにしている。風は、冷たい空気と温かい空気がぶつかると生まれる。気温の差が気圧の差を生み、それを解消しようとして空気が動くのだ。

砂漠では冷たい空気と熱い空気が頻繁に衝突する。湿気は熱を閉じ込めるが、乾燥した空気は熱をすぐに放出する。高い気温を保持する太陽が沈み、夜になると、砂漠が急激に冷えるのはこのためだ。夜が明けると、太陽はすぐにまた砂漠を温める。そのため風が起きる。

砂漠の風にはさまざまな名前がある。程度を表すものもある。ハブーブは強い砂嵐のことだ。風向きを表すものもある。シャマールは北西の風だ。砂漠の風は、どこか霊的な、どこか精神的なものを思い起こさせる。カリフォルニア州では「悪魔の風」として知られるサンタアナ風が砂漠から吹くと、人々に黒魔術の無慈悲な呪いがかかると言われている。その風のなかには、ある種の絶望があるのだ。実際に犯罪率は上昇し、心理学の研究によると、確かに気分の変化が起こるという。

「悪魔」と関連づけられるようになったのは、砂漠に対する深遠かつ悲壮な見方——空虚感——を納得させるためかもしれない。砂漠は生気を失っていて、私たちが希望に満ちた目で眺める場所ではない。砂漠は孤独で、だだっ広く、情け容赦がない。心的状態や経験が根本から覆される砂漠に、とどまっていたいとは思わない。そこは不毛の地だ。物体は朽ちて砕け、生物は死ぬ場所だ。それとも私たちは、クニースが投げかけたように、砂漠を見誤ってきたのだろうか。

砂漠を使い物にならない不毛の地と考えるのではなく、世界のエンジンに作り変える、という異なる見方を示したのが、クニースと、彼を支持するデザーテックの科学者や政治家や経済学者のグループだった。それに着手するのに、サハラ砂漠以上にふさわしい場所はあるだろうか。サハラ砂漠よりも面積が広い不毛の地は、南極と北極だけだ。熱い砂漠ということになれば、サハラ砂漠は圧倒的に世界一であり、実際、次に面積が広いアラビア砂漠は、サハラ砂漠の3分の1にも満たない。

サハラ砂漠からヨーロッパへ

サハラ砂漠の玄関口として知られる、モロッコのワルザザート。その郊外にあるヌール太陽エネルギー発電所へ向かう道は、場違いに見える。アスファルトで最近舗装された道路は両側とも手入れが行き届いており、見渡す限りに広がる灌木や砂利の砂漠とはまるで対照的だ。発電所の入り口には、武装した警備員が配置されたゲートがある。事前の許可と身分証明書がなければ、通過することはできない。無理もない。ヌール発電所は、荒野のまっただなかにある数十億ドルの建造物なのだ。完成すれば、世界最大の集光型太陽エネルギー発電所となり、ヨーロッパに電力を供給できるほど莫大なエネルギーを生み出すことだろう。この施設は、世界の指導者や教育者、専門家、学生などが視察に訪れ、太陽のエネルギーについて学ぶことができる、ひとつのモデルとして設計されている。

クニースがサハラ砂漠に狙いを定めた理由は、その豊かな日射量と立地だ。サハラ砂漠なら、地元への電力供給が可能なだけでなく、大陸を飛び越えられる潜在力もある。それでもクニースはデザーテック構想を推進させる先駆けとして、この代替エネルギーをより幅広くアクセス可能なものにするためには、スマートグリッド（次世代送電網）に接続させる必要があることを、早いうちから認識していた。

スマートグリッドに再生可能エネルギーで作られた電力を供給するのは、クニースの夢であるだけでなく、いわゆるクリーンテクノロジー産業の多くの起業家にとっての目標でもある。スマートグリッドは、従来の送電線、変圧器、変電所、エンドユーザーに、テクノロジーを組み込んだものだ。そうすることで、より適切に容量と負荷を制御し、より迅速に需要の波に対応できる。また、負荷がより均等に分散されるため、停電や電圧低下の発生頻度も減らせる。

エンドユーザーが作った電力を統合できるスマートグリッドは、より多くの供給源からエネルギーを取り込むことができるので、とりわけ再生可能エネルギーのシステムとなじみがよい。たとえば自宅の屋根にソーラーパネルを設置したが、発電したエネルギーのすべてが必要なわけではないとする。余剰分はスマートグリッドのシステムに供給できるのだ。科学や工学におけるブレークスルーがますます起こるなか、以前よりも賢明《スマート》になっているエネルギーのシステムを、私たちは利用することができる。しかし、世界の大半を再生可能エネルギー源に接続できるにもかかわらず、広範囲におよぶエネルギー送電網は不十分だ。

長さ数千キロメートルにおよぶ電線が建設できるかどうか、という技術的な問題があるのではない。長い送電線は、政治的な問題をはらむのだ。誰が、なにに対して、いくら請求され、いくら支払うのか、ということだ。結果、領土紛争が起こる。

太陽エネルギーが、サハラ砂漠のあるモロッコからヨーロッパまでたどり着くためには、まず送電網に電力が供給され、ジブラルタル海峡を通ってスペインへと送られた後、そこで今度はヨーロッパのスマートスーパーグリッドに接続されなければならない。

ヨーロッパのスーパーグリッドは、効率を上げるために、域内の全50か国を共通の電力源につなげることを提唱している。効率が向上すれば、ヨーロッパ中の誰もがこれまでよりも安価なエネルギーを利用できる、という触れ込みだ。水力発電をおこなっている国はその電力を、水力発電をやっていない国はほかのエネルギー源で作った電力を供給する。全域から電力を持ち寄るこの計画はまだ準備段階にあり、内輪もめや石油価格の変動、シリア内戦など、ありとあらゆる問題で膠着状態に陥っている。しかし、中東・北アフリカ地域とヨーロッパとで単一電力市場を創出したいという願いは消えていない。サハラ砂漠から送電される太陽エネルギーの生産コストは、1キロワット時当たりの価格ベースで10セント未満であり、現在ヨーロッパで人々が支払っている平均価格の半分なのだ。

ヨーロッパとアフリカを隔てるジブラルタル海峡は、最も狭いところで幅14キロメートルしかない。スペインとモロッコとの間に横たわるその海峡は、数十年にわたり、ふたつの大陸を連結させるのにうってつけの場所だと考えられてきた。伝えられるところによれば、1920年代には、その海峡を堰き止めて水力発電所を建設し、周辺地域に電力を供給するという計画が大衆の間で評判になったという（注目すべきは、この計画が1950年代初頭まで続く、地中海から部分的に水を抜いて多くの陸地を露出させることを目的とした、いわゆるアトラントローパと呼ばれる大構想の一部だったという点だ。アトラントローパが実施されれば、露出した土地は農地となり、ヨーロッパの植民地支配の範囲は拡大していたことだろう。平和的ではあったが、アトラントローパの背後にある理念は、領土支配というナチ党の基本計画と共鳴していた。言うまでもないが、アトラントローパが復活することはなかった）。

ほかにもジブラルタル海峡については、浮橋や道路、鉄道トンネルを建設するなどのアイデアが示されてきた。いずれも両大陸を人工的に連結させるという願望が込められている。その東方では現在、チュニジアとマルタ（イタリアのシチリア島とアフリカとの間に位置する島国）を結び、ひいてはヨーロッパ大陸を連結させることになる海底ケーブルが敷設されつつある。マルタはすでに海底ケーブルでヨーロッパの送電網に接続されている。

2017年9月、チュニジアのサハラ砂漠で太陽エネルギー発電所を稼働するヌル・エナジー社は、これらのケーブルを利用してヨーロッパへ電力を輸出する計画を発表した。30年前に始まったクニースのビジョンが、その年の終わりまでについに実現するかにみえた。

２０１７年12月11日、クニースは長い闘病を経て、ドイツのハンブルクにある自宅で息を引き取った。彼は自らのビジョンが実現するのを見届けることは叶わなかった。しかし世界を作り変えるという彼の大構想の、少なくとも一部が前進していることは明らかだ。

デザーテック財団の創設者のひとりであり、クニースの友人でもあるフリードリヒ・フュアは、こう語る。「発電所に必要な地表面積を表す、地図上のこの便利な小さな赤い長方形は、クニースのトレードマークになった〔デザーテック財団の商標は赤い長方形のデザイン〕。広大なサハラ砂漠とこの小さな赤い長方形を見れば、どれほど多くの広範な研究や発表が、いまや疑いようもなく立証されているのかが一目瞭然だ。要するに、デザーテックはうまくいっているということだ」

「鋭い知性と先見性を備えた偉大な夢想家であり、現実主義者でもあったクニースは、再生可能エネルギーついて幅広い地球規模での議論を促し、目標としていたクリーンなエネルギーへの移行を加速させようとした。彼はこの移行が必要なことを微塵も疑っていなかったが、地球温暖化を2度以内に抑えるにはもう手遅れかもしれないと恐れていた。この避けて通れない移行を加速させるために、最善を尽くさなければ、と確信していたんだ。彼は常に人の意見に耳を傾け、日々新しいことを学ぼうとしていた。〝人類というのは、集団自殺を図るほど狂っているのかね〟とよく口にしていたよ」

ヌール発電所を始め、さまざまな持続可能エネルギーの発電所が世界各地で定着しつつあることは、私たちがそうではないという証である。

ヌール・ワルザザート太陽エネルギー発電所

地域間エネルギーの相乗効果

見るからに生真面目さが伝わってくるアブデラザック・アムラニは、ヌール・ワルザザート太陽エネルギー発電所のソーラーエンジニアだ。白いヘルメットとオレンジ色の反射ベストを着用し、施設の屋根の上へ私を案内する。その黒髪と褐色の肌は、ヌールが中東・北アフリカ地域とさらにその先のヨーロッパ大陸にとってエネルギーのハブであるだけでなく、地域社会にとって雇用創出の場であることを思い起こさせる。

その発電所は世界にとっての道標である一方、モロッコ人にとっては誇りに思うものでもある。発電所にかんする事実や数字が詳述されたパンフレットの折り込み部分に、国王ムハンマド6世の写真が掲載されているのだ。MASENの語は、発電所を管轄するモロッコ持続可能エネルギー庁（Moroccan

Agency for Sustainable Energy）のことだ。

屋根の上で、アムラニははるか彼方まで幾重にも並んだ各種のパネルを指し示す。そして事実や数字をざっと紹介していく――ヌール・ワルザザート発電所は4段階にわけて建設され、完成すれば出力500メガワットを上回る。ほかの発電所と合わせれば、モロッコの太陽エネルギーによる最大出力は、2000メガワットを超える見込みだ。MASENは、2030年までにモロッコのエネルギーの半分以上を再生可能エネルギーでまかなうことと、その輸出を軌道に乗せることを目標にしている。

ソーラー発電は比較的単純な工学プロセスだ。シリコン製の太陽電池（PVセル、光起電力セルともいう）や鏡やレンズを使って、日光を捕捉する。太陽電池の場合は、光を浴びると太陽電池を構成する半導体の電子が特定の方向に流れ、電気が発生する（光起電力効果）。一方、鏡やレンズは、集光型の太陽エネルギー発電で使用される。鏡やレンズが太陽の熱を集めて水を熱し、蒸気を発生させ、その蒸気がタービンを回転させて電気が生まれるのだ。

ヌール・ワルザザート発電所では、太陽エネルギーを蓄えるために主に溶融塩を使用している。太陽エネルギーで溶融塩を熱し、溶融塩が蒸気を発生させ、蒸気でタービンを回転させて発電しているのだ。溶融塩は熱い状態を最大10時間保つことができる。ヌール発電所では7時間蓄熱している。

ソーラー発電の利用がこれまで難しかったのは、直流電圧のためだ。電気の話になると、ACとかDCといった言葉をよく耳にする。ACとは交流のことだ。電流の向きが周期的に変化する流れ方で、変圧が容易なため、送電線を流れる高い電圧を一般的な電気器具が使えるように下げることができる。DCとは直流のことだ。トースターをかつての直流のコンセントにつなげば、ロード・ランナーから受け取ったアクメ社の包みを開けた後のワイリー・コヨーテ〔アニメ『ルーニー・テューンズ』のキャラクター〕のような――チリチリに焼け焦げた頭から、煙が立ちのぼる――結末を迎えることだろう。

いまでは直流技術の進歩のおかげで、高圧直流送電でも電圧を下げて一般に使用できるようになった。また、太陽エネルギーがワルザザートからヨーロッパまでたどり着くためには、800キロメートル以上送電する必要があるが、長距離でも以前よりも電力を維持して送電できるようになっている。

いまのところ、MASENは地元の送電網への供給を目指している、とアムラニは言う。そのための送電線は、周囲を圧倒するような存在感を放つ。まるで砂漠に立つ、巨大なトランスフォーマーのフィギュアのようだ。

ソーラーパネルの列であれ、発電装置であれ、目に飛び込んでくるのは、鏡と鋼鉄とコンクリートのさまざまな組み合わせだ。およそ11キロメートル四方の構内は非常に現代的で、ここでひとつの世界を形作っている。

しかし遠方には、赤みを帯びたカスバ〔北アフリカのアラブ諸国に見られる城塞に囲まれた居住地区〕が見える。アムラニの説明によれば、それは将来、ビジターセンターとなり、人々が訪れたり、滞在したり、ここで実践していることを学習したりする場となる。「これがMASENの目標なのです」と彼は言う。「目指しているのは、単に発電することだけではなく、さまざまな人が学べる持続可能なプロジェクトを構築することです。それが彼ら自身による開発につながるかもしれません」

しかし、もしどの国も同じことをやったら、どうだろうか？　もしソーラーパネルが本当に砂漠に一斉に設置されたら、どうなるのだろうか？

ある科学者チームが、予想される事態を算定したところ、地球は暑くなって乾燥し、風のパターンが劇的に変わるだろうということがわかった。ソーラーパネルが設置された砂漠では、熱がパネルに吸収されて温度が下がり、いっそう乾燥が進む一方、砂漠で捕捉され、送電される太陽エネルギーを使う地域では、暑くなるのだという。正味の影響としては、天候のパターンが連鎖的に変化していくなど、異常な気候が生じることになる。

彼らは科学誌『ネイチャー・クライメット・チェンジ』に掲載された論文のなかで、「これらのプロセスにかかわりのある、地球規模の大気循環を変調させる因果関係が存在する」と書いた。地球規模の大気循環は熱帯地方から極地方へと熱を運んでおり、それが季節特有の天候をもたらす。そのため砂漠で太陽エネルギーを吸収すると、連綿と続いてきた気候のパターンが乱され、干ばつや森林火災、熱波が引き起こされるかもしれない。季節の移り変わりに応じた気温の変化も、これまでの感覚とは違ってくる可能性がある。

ドイツのＤｉｉデザート・エネルギー社の最高経営責任者であり、デザーテック構想を積極的に推進したメンバーのひとりでもあるポール・ファン・ソンは、「砂漠の隅々にまでソーラーパネルを敷き詰めるという、クニースが当初抱いていた大胆な構想からメンバーたちが手を引いて、もうずいぶんと久しい。いまでは、風力や太陽などの再生可能エネルギーが、地球規模の持続的な電力供給のポートフォリオの一翼を担う、もっと包括的で持続可能なエネルギー計画が受け入れられつつある」と話す。

「最初はトップダウンのアプローチで始めたのだが、それではうまくいかないことに気づいたよ」。ドイツのアウトバーンを猛スピードで飛ばしながら、彼は語る。

新たに導入したボトムアップのアプローチは、地理的に離れた地域間のエネルギーの相乗効果を生みそうだという期待を抱かせる——日中は、ある地域に降り注ぐ太陽光がエネルギー供給の主たる担い手となり、夜間は、別の場所での水力発電がしだいに供給量を増やしていく、といった具合に。「将来的には、あらゆる種類の供給源を利用できるようになるだろう」とファン・ソンは言う。彼は、それぞれの地域が少しずつ再生可能エネルギー市場へ加わっていくと予想している。「しかし、ひとたび安価なことに気づけば、みんな接続させてくれと言ってくると思うがね」

それでも太陽エネルギーは最大の電力供給源になるだろうし、砂漠はすでにエネルギーの拠点として姿を変えつつある。インドも中国もアメリカも、砂漠の太陽を利用するために莫大な投資をおこなっている。それらの国々は毎年のように、さまざまな尺度で世界最大のソーラーファーム（大規模な太陽エネルギー発電所）を保有していることを自慢している。しかし本稿執筆時点では、サハラ砂漠の太陽を利用するあの集光型太陽エネルギー発電所をしのぐ国はない。

その競争の行く末はどうであれ、いずれ砂漠のある国のほとんどが、砂漠の少なくとも一部をソーラー発電装置で覆うことになるだろう。単純にそのエネルギーの潜在力があまりにも大きく、無視できないのだ。

＊　＊　＊

○羽根《ブレード》のない風力発電○

あるスペイン企業が、ブレード（羽根）のないタービン――つまり回転しないタービン――で、風力エネルギーを捕まえる方法を考案した。

ボルテックス・ブラデレス社は、より費用対効果が高く、より環境にやさしく、よりシンプルな方法だと主張する風力発電技術で特許を取得している。その風力発電機は、グリップを下にして垂直に立てた巨大な野球バットのような見た目だ。高さ12・5メートルの筒型の装置で、渦の離脱（流体中の物体後部にできる渦が物体を離れて下流（風下）へ流されていくこと）と呼ばれるプロセスによって風を捕まえる。風が吹くと筒が振動し、交流発電機を介して発電する。この技術は、流体の渦巻き運動――空気などの粒子がある特定のポイントでくるくる回転する傾向――を利用している。興味深いのは、「タービン」を動かすのは、風そのものよりもむしろ、風のエネルギーによって作り出される振動と

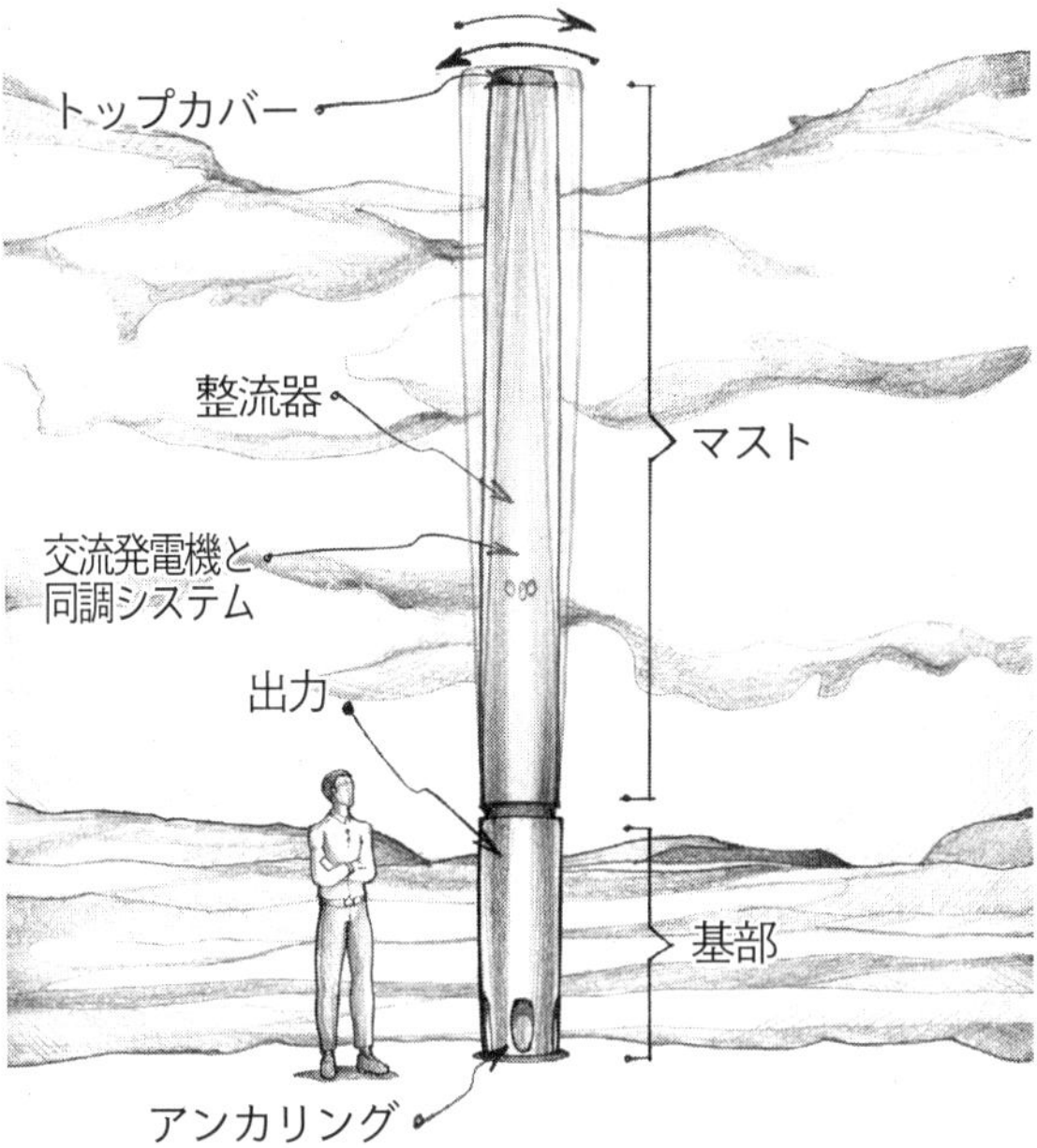

ボルテックス・ブラデレス社の風力タービン

いう点だ。

「風の渦が装置の固有振動数と一致すると、装置が共振し始め、振動を起こす。その動きによって、このブレードのないタービンは、通常の発電機と同じように自然エネルギーを利用することができる」と同社は説明する。

従来の風力タービンは、風の運動エネルギーでタービンのブレードを回転させ、その動力を発電機に伝えて電気を発生させる。

ボルテックス・ブラデレス社のテクノロジーは、流体力学にもとづいている。通常、エンジニアや建築家は渦励起振動を避けようとする。想像してみればわかるだろうが、人は揺れる建物や橋や構造物を怖いと思うからだ。ボルテックス・ブラデレス社は振動を受け入れ、エネルギー源として利用しているのだ。

それでも、装置を動かすにはじゅうぶんな風が必要だ。砂漠では莫大な量の風が吹く。多くのウィンドファーム（集合型風力発電所）が砂漠に設置されているのはそのためだ。

風は温度――大気圧――の衝突によって発生する。砂漠の明るい色彩はほかの標準的な陸地よりも太陽エネルギーを多く反射し、温度差が非常に大きい環境を作り出す。強風はその副産物だ。極地域でも同じことが起きる。一方、海洋はそれとは逆の理由で、多くの風を生み出す。海は熱を吸収するが、やはり温かい空気と冷たい空気の気圧差を生み、風を発生させるのだ。

砂漠であれ海洋であれ、ウィンドファームについては、目障りであることと占有空間が大きいことがよく批判の的となる。1本のタービンは、その大きさにもよるが、周囲に遮るもののない20万平方メートルほどの空間を必要とする。ボルテックス・ブラデレス社の装置は、一般的な風力タービンが必要とする空間の半分しかとらない。また高さが2.7メートルしかない低ワットの製品もある。ちなみに、平均的な産業用のブレード風力タービンの高さはおよそ90メートルだ。

ボルテックス・ブラデレス社によれば、同社の装置はブレードのついた通常の風力タービンと比べると、装置どうしをより近づけて設置することができる。通常の風力タービンの場合、効率を上げるためにより大きな「掃気面積」――発電のために必要な受風面積――が必要となるからだ。

大型の風力タービンについては、自然への影響という問題もある。従来からウィンドファームは、砂漠や海洋の生息環境や、鳥の飛行パターンに干渉してきた。ボルテックス・ブラデレス社の装置にはブレードがなく、高さも抑えられているため、同社は「野生生物の邪魔にならず、飛行中の鳥の視認性も高い」と主張する。また鳥類保護団体と協力し、同社の発電装置と野鳥が同じ風を利用できるようにしているという。

ボルテックス・ブラデレス社は、風力エネルギーの捕捉方法だけでなく、砂漠の姿も作り変えていくのかもしれない――大きなブレードが回転する発電用風車のない未来に向かって。

○海洋エネルギーのすごい可能性○

砂漠は太陽エネルギーと風力エネルギーの素晴らしい供給源かもしれないが、海洋も大きなエネルギーの可能性を秘めている――ひょっとすると陸上のどんな再生可能エネルギーよりも。

ある最近の研究によれば、北大西洋に大規模なウィンドファームがあれば、全人類の需要に応える電力を供給できるという。遮るもののない広大な空間が開けた洋上では、風は陸上よりもスピードを上げることができるのだ。

洋上ウィンドファームは、なにも新しいものではない。厄介なのは、塩分が多く荒れがちな洋上環境での建設と送電線への接続だ。しかし、少し海に潜ってみれば、海洋エネルギーの新しい可能性が見えてくる。それは海洋温度差エネルギーと波力エネルギーである。

海洋温度差エネルギー発電は、深層の冷たい水と表層の温かい水の温度差を利用してエネルギーを作り出す。まず海面の温かい水を汲み上げて、アンモニアなどの流体を温める。すると流体は気化し、発電機に取りつけられたタービンを勢いよく回転させて、発電する。気化という仕事を終えた流体は別の装置へ送られ、汲み上げられた深層水によって冷却される。アンモニアなどの流体は単に媒体として働き、このシステムの外に出ることはない。

海面に浮かぶ海洋温度差エネルギー発電のプラットフォームのなかには、熱交換器などが収納されている主要部から複数のチューブが垂れ下がった、タコのような形のものもある。

すでに数社が、海洋温度差エネルギー発電プラントを稼働し始めている。マカイ・オーシャン・エンジニアリング社が開発した世界最大のプラントは、2015年にハワイで運用を開始した。日本は沖縄県〔久米島〕のモデル施設で、実証プロジェクトを進めている。プラントの出力は100キロワットで、一般の人も未来の海洋エネルギーの姿に触れることができる。ほかにも、アジアからアメリカ東海岸に至る世界各地で、発電プラントの開発は進んでいる。

波力エネルギーも利用されている。波力発電の装置にはさまざまな種類がある。

■ターミネーター型――チャンバーやパイプなどの装置を波の進入に対して直角に置く方式。開口部から進入させた水を装置の内部に捕らえ、その水の上下運動がピストンのように作用することで、エネルギーを生み出す。

■アテニュエーター型――装置を波の進入と並行に置く方式。波によって装置が動揺することで、ポンプを使って波のエネルギーを捕らえることができる。
■ポイント・アブソーバ型――装置をブイのように波間に浮かべ、その上下運動を利用して発電する。
■越波型――本質的には水面に浮かぶダムである。装置が波をかぶると、流れ込んだ海水が上部の水槽に貯まり、それを重力で落下させて水車を回し、発電する。

波力発電は世界的に増加している。大規模なものはウェーブファーム、ウェーブパークなどと呼ばれ、ポルトガル（世界初）、オーストラリア、イギリス、アメリカの沖合で稼働している。近いうちに、海洋を満たすものは海洋生物だけにとどまらなくなるかもしれない。発電所は海に向かっているのだ。

第5章 クール・ルーフとクール・ロード

ロサンゼルスの「クール・ルーフ法」

ラスベガスは、人類の存在を宇宙に最も知らしめている場所だ。「地球で一番明るい場所」を自称するストリップ〔ラスベガスのメインストリート〕は、国際宇宙ステーションに滞在する宇宙飛行士の目にも際立って映る。彼らはそれを証明するため、夜の闇に包まれた砂漠地帯に浮かび上がるその無上の輝きを、写真に収めてさえいる。

その明るさはもちろん太陽に由来するものではない。歓楽都市《シン・シティ》〔Sin City：「悪徳都市」という意味も込められたラスベガスの俗称〕のホテルやカジノから発せられる密集した光が、壮大に煌めいていられるのは、10億ワットを超える電力のおかげだ。そこは、有名なスカイビーム——世界で最も明るい423億カンデラの光線——が39個のキセノンランプの助けを借りて、ルクソールホテルのピラミッドの頂上から噴き上げている場所だ。そこは、マンダレイベイ・リゾート・アンド・カジノの43階の壁が、黄金に輝いている場所だ。そこは、パリス・ラスベガスが、暖かな光をまとう縮尺2分の1のエッフェル塔を、下から煽るように照らす演出を自慢している場所だ。そのすべてが、人間の建築と工学に起因する。しかしひょっとするとそれは、誰かにとっては自然の力に対する究極の冒涜かもしれない。

ラスベガスから南へ400キロメートルほど離れたアリゾナ州のユマでは、太陽そのものが記録的な離れ業を演じている。日照率が90パーセントを超え、日照時間は年間4000時間以上にのぼるのだ。ほとんどの都市が受け取る日光はその半分程度である。つまりユマは、太陽の尺度で考えれば、地球上で一番明るい場所なのだ。

太陽にとってユマが魅力的なのは、雲がないからだ。ユマでは1年のうち平均242日が雲ひとつない快晴だ。雲は、極地の氷河などの白い場所と同じく、太陽光線を宇宙へ跳ね返す。逆に黒ずんだ地面や紺碧の海は、太陽のエネルギーを引き寄せて吸収する。これはアルベド効果と呼ばれるもので、地表が太陽光線をどのくらい反射するかを表す。雪や氷はアルベドが大きい。一方、黒ずんだ大地はアルベドが小さく、エネルギーをたくさん溜め込む。快晴に恵まれ、内陸に位置するユマは、太陽にとって大地に浸み込むのにうってつけの標的なのだ。

ユマはおよそ300平方キロメートルの平坦な土地で、茶系の多彩な色合い（肉眼には、琥珀色、ベージュ、栗色、こげ茶色に映る）を空に向かってさらけ出している。こうした第三色（原色と等和色

（原色の2色を混ぜたもの）を混ぜたもの〕――その色よりもカラースケール上で黒に近いほうの色も――は、大量の熱を取り込むことができる、じゅうぶんに暗い色だ。

世界中の都市では、ユマで起きている熱作用と同じことがますます再現されつつある。しかし都市が暑くなっているのは、快晴と表土のせいではない。原因は人工のアスファルト舗装だ。

ほとんどの都市部では、黒ずんだ面積が増加しており、白っぽい面積を上回っている。太陽エネルギーはアスファルトに捕捉される。上空へ、最終的には宇宙へと逃げ出すのは、そのうちのせいぜい20パーセントだ。残りのエネルギーは地表や地表近くに閉じ込められ、物質を温め、周囲の気温を押し上げる。一方、地表の色が明るいと、その3倍以上の熱を大気に跳ね返し、地表温度をはるかに低く保つ。

都市の表面積の平均60パーセントほどが黒色や暗色で構成されており、人工的なホットゾーンを生み出している。都市部の面積は地球の表面積のわずか3パーセントにすぎないが、２０３０年までに3倍になると予想されている。要するに人工的なホットゾーン、すなわちヒートアイランドが急増するということだ。

想像に難くないだろうが、都市のヒートアイランド現象は非常に大きな問題だ。都市に集中した熱は、地球規模の気温上昇につながるだけでなく、汚染を引き起こし、公衆衛生を損なう。たとえば自動車などの排気ガスは日光による強い紫外線を受けると光化学反応を起こしてスモッグになる。スモッグを吸い込むと、さまざまな疾患、とりわけ呼吸器疾患やぜんそくの発作を引き起こす。交通量が多いことで有名なカリフォルニア州では、高速道路から150メートル以内に暮らす住民には、ぜんそく、心臓発作、脳卒中、肺がん、早産の割合が高い。

都市のスプロール現象〔郊外の地価の安い地域などに宅地が無秩序に広がっていく現象〕が急激に広がっていることと、いまや世界では史上初めて都市の外部より内部に住む人口のほうが多いという事実を考え合わせると、人類と地球のための健康と福祉の処方箋は適切なものにはなっていない。ジョニ・ミッチェルが1970年に発表した曲『ビッグ・イエロー・タクシー』に出てくる「彼らは楽園を舗装して駐車場を作った」という歌詞は、いま、世界で起きていることを如実に表している。

ヒートアイランド現象によって、都市中心部は周辺の郊外より温度が10度以上も高くなることもある。ニューヨークは、ヒートアイランド現象に地球温暖化が重なり、悪夢のような事態に陥るかもしれない。『ニューヨーク』誌が描いてみせたのは、気温上昇によって起きうる大惨事だ。飢餓、経済破綻、熱死、伝染病、呼吸に適さない空気、絶え間ない戦争――要するに、この世の終わり、である。

デイビッド・ウォレス゠ウェルズは『ニューヨーク』誌の記事「住めない地球：注釈版」のなかで、こう記している。「断言しよう、あなたが思っているより状況は悪いということを。もし地球温暖化について抱いている懸念が、海面上昇への恐怖でいっぱいなら、いまのティーンエージャーたちが生涯を終えるまでに経験しうる恐怖の上っ面を撫でているに過ぎない。それなのに、膨張する海――と、それに飲み込まれる都市――が、地球温暖化の光景としてあまりに強烈で、人間の対応能力をあまりに圧倒しているため、われわれははるかに間近にせまるほかの多くの脅威を認識できずにいる。海面上昇はまずい、確かに非常にまずい。しかし海岸線から逃げ出せばそれで済む、という問題ではないのだ」

「実際のところ、数十億人が生活スタイルや生き方を大幅に修正しなければ、世界では今世紀末にも、ほとんど住めなくなったり、居住が恐ろしく困難になったりするところが出てくるだろう」。彼の記事は、もちろん主にニューヨークの住民に向けられたものだ。しかしこの国の反対側にあるロサンゼルスでは、そのような荒んだ未来が、文字どおり塗り替えられている。

「実際に道路や屋根の表面を塗り直したり、張り替えたりしている最中ですよ」と、ジョナサン・パーフリーは語る。彼は「クール・ルーフ法」という市全域におよぶ施策を、他に先駆けて実施するのに一役買った人物だ。それは黒ずんだ表面——運動場、駐車場、屋根や屋上、通りや路地や歩道、バスケットボールのコート——を塗り直してもっと反射率を高め、局部温度を下げようというアイデアだ。

地球に日焼け止めクリームを

パーフリーはロサンゼルスの非営利団体（NGO）、クライメット・レゾルブの事務局長だ。この団体は、気候変動に対する局所的な解決策を発展させ、世界各地の都市で定着することを望んでいる。彼はクール・ルーフが世界中で受け入れられてほしいと願っているのだ。

ロサンゼルス育ちで現在50代のパーフリーは、ダウンタウンが社会の中心地として再生し、繁栄していくさまをその目で見てきた。そしてロサンゼルス市電気水道局長を務めていたとき、気候変動の影響——電力供給網の逼迫、公衆衛生や福祉への懸念、そして都市の熱——が、あまりにも身近な問題であることに気づいた。彼はクール・ルーフが有望だとわかると、大いに賛同した。とても理にかなっていて、単純にロサンゼルスをもっと住みやすい場所にできると考えたのだ。

「これはウィン・ウィンだと思ったよ。ロサンゼルスの気温は下がるし、空調に使う化石燃料も減らせるからね」とパーフリーは語る。

２０１３年、ロサンゼルスはすべての新築住宅に日光を反射する屋根材を使用することを義務化した、アメリカ初の大都市となった。２０３５年までに市の気温をおよそ1.6度下げる、という戦略の一部として、反射率の高い道路の普及を目指す計画もある。その年までに世界の気温は2度上昇すると予測されていることを考えれば、それは大きな数値だ。

クール・ルーフの対象となるのは、住宅や車庫や商業ビルの、新規および既存の屋根と屋上だ。緩勾配と急勾配の屋根とでは太陽の反射が異なるため、設置要件も異なってくる。多くの住宅の屋根は急勾配だが、商業ビルの屋上は通常、広く平らだ。

一般に、広く平らな面ほど、より多くの熱を引きつけて吸収する傾向があるが、反射率は地勢や太陽の入射角に大きく左右される。建築業者や屋根職人は屋根の温度を極力下げるために、こうした検討事項のすべてを考慮しなければならない。そして彼らは実際そうしている。屋根を涼しくしているのだ。

ロサンゼルス市は、大都市圏全域にクール・ルーフの設置を広げようとしている。市長のエリック・ガルセッティは、これが未来の都市部における環境基準になることを願っている。

クール・ルーフは、局部温度を2.7度以上、下げるだけでなく、木陰と組み合わせることで節水もできる。ローレンス・バークレー国立研究所の試算によれば、もしクール・ルーフがロサンゼルス郡の全域に導入されれば、3億リットル以上の水が使われずに済む。ロサンゼルス郡だけでこれほどの量だ。水だけでこれほど節約できるのだ。

ロサンゼルスと同程度かそれよりも大きな面積の都市圏は、世界に7つある。これらの都市だけでも屋根の温度を下げれば、おそらく37億リットル以上の水を節約できる。それはたとえば、ロサンゼルスの全住民に水を数日間じゅうぶんに供給できるほどの、驚くべき量だ。

ときおり長期の干ばつに見舞われるロサンゼルスにとって、淡水は大きな関心事である。水以外にも、もしすべての都市がロサンゼルスと行動をともにし、クール・ルーフ政策を導入すれば、大気中から44ギガトンの温室効果ガスを取り除けるだろう。それは3億台の自動車が20年間に排出する量に匹敵する。そのガスはすべて過剰な熱を生む。ロサンゼルスのような都市では、今世紀半ばまでに、酷暑に見舞われる日数が3倍になると予想されている。

気温の上昇には大きなコストがかかる。2100年までに、気温上昇によって都市が負担することになるコストは、医療費の増加や労働力の損失などにより、経済産出高の11パーセントにのぼる見込みだ。

クール・ルーフと反射率の高い道路を導入した未来都市なら、健康と繁栄が保証されるだろう。

この冷却への取り組みをもっと多くの都市に採り入れてもらおうとしているのが、グローバル・クール・シティーズ・アライアンスという団体だ。彼らはその目的のため、屋根や地表が暗色の都市と比べて、クールな未来都市がどんな姿なのかを描いてみせた。違いは歴然だ。

そのクールな都市では、白塗りの建物の屋上に緑が茂る庭があり、自転車は明るいグレーの通りを颯爽と走り抜ける。暗色の都市と比べると、空気は澄んで涼しい。人々は27度の日でも、屋外のテラス席で食事を楽しむことができる。

一方、屋根が暗色の都市では、高温注意報が発令され、自動車は汚染物質を排出し、人々は建物のなかで汗だくになっている。ビルの空調は唸りをあげている。石炭火力発電所は発電のため、限界を超えて稼働せざるを得ない。メッセージは明確だ。

世界大都市気候先導グループ（C40）は、将来の都市をもっと住みやすくすることを目指す、また別の団体だ。それは、成功事例を共有するという目標のもと、7億人を代表する94の世界的大都市を結びつけている。C40はクール・ルーフの推進も打ち出している。こうしたすべての団体が当局に対し、都市の暗い色の部分を明るい色に変えるよう強く働きかけることによって、地球の顔色はがらりと変わる可能性がある——まるで、地球に日焼け止めクリームを塗るかのように。

クール・ルーフや反射率の高い道路は色が重要とはいえ、単にアスファルトよりも明るい色であれ

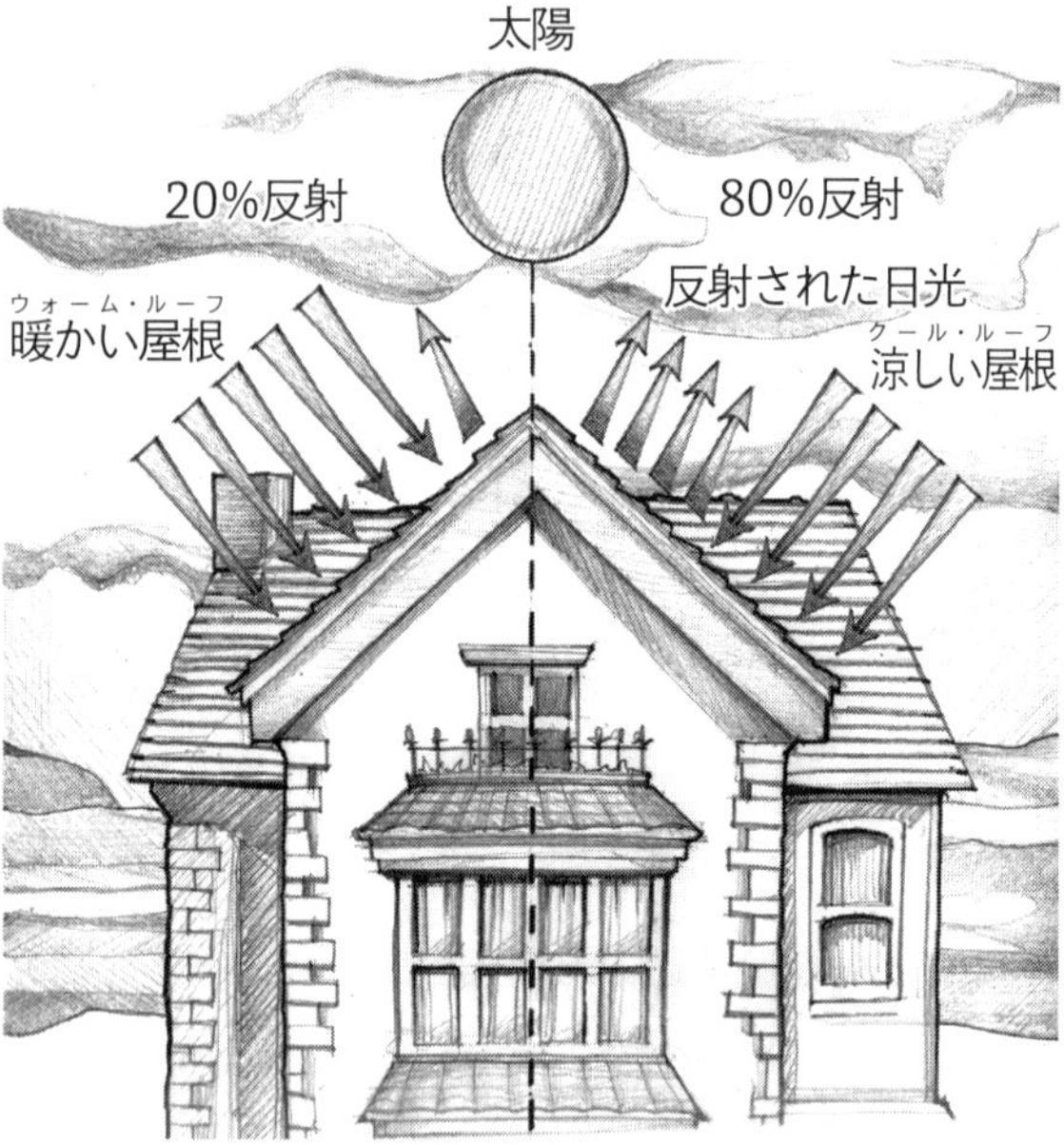

クール・ルーフの効果

ばよいというわけではない。材質も重要だ。それでも、ダウンタウン地区の黒一色の地面では、夏の日中には65度を超えることもある。汚れのない白い屋根は表面温度を、たとえば暗色の屋根と比べ、27度も涼しく保つ。それは単純に色がもつ力だ。

特殊な反射顔料を混ぜれば、屋根の温度を下げると同時に、屋根を紫外線から守ることもできる。その微小粒子は太陽放射をブロックするだけではなく、屋根の表面を丈夫にして長持ちさせる。建物内部の温度もじゅうぶんに下げるため、空調すら不要になるかもしれない。

最先端のクール・ルーフは太陽電池パネル、いわゆるソーラーパネルを活用する。ここではエネルギーの吸収がむしろ威力を発揮し、再生可能エネルギーを生み出す。クール・ルーフに注力すれば、建物のエネルギー使用量は15パーセントも節約できる。もしアメリカのすべての都市がクール・ルーフを導入すれば、年間数十億ドルの節約になるのだ。

都市のなかには、温度を下げるのに役立つ表面がほかにもある。シカゴはヒートアイランド現象を緩和するため、グリーン・アレー（路地）・プログラムに着手した。シンガポールは道路を涼しくする舗装を敷設中だ。バスケットボールのコートや駐車場の色を明るくするため、市内のアスファルト舗装について調査している都市もある。しかしロサンゼルスは、道路に集中することによって、世界初となるかもしれない完全なる「クール」地区を作りたいと考えている。

ロサンゼルス市だけで、反射率の高い道路にかんする15のパイロット事業——市を構成する15区すべてにひとつずつ——を導入している。「これを引き受けている主要都市はほかにはないからね。そこがすごくワクワクするよ」とパーフリーは言う。

道路を長持ちさせる

ある冬の曇天の日、ロサンゼルス市のウエストバレーにあるカノガパーク地区で、パーフリーは上着のポケットから銃を取り出し、銃口を地面に向ける。それは正確な温度を測定するガンタイプの温度計だ。歩道は18度だ。数歩離れたところで黒いアスファルトに銃口を向ける。そこの地面は20度。

その地点からわずか数歩のところには、反射性の塗料でコーティングされたアスファルトがある。17度。その差は注目に値する。

「近隣住民にも、このパイロット事業への参加は好評だ」と彼は言う。そこは2階建てのアパートが立ち並ぶ通りで、歩道では自転車に乗った子どもたちが行き交う。道端に停車していた数台のSUVが、家族やペットを乗せて出発する。

反射率の高い道路は、人の素足や犬の足に焼けたタールがつかない。子どもたちは夏の間、もっと活発になるかもしれない。一般に、屋外で過ごすにしても、出かけるにしても、涼しいほうが快適だ。これはウエストバレーのような高温の地域では特に重要なことだ。夏のウエストバレーは猛烈な暑さに見舞われる。連日、37度を超え、サンタモニカ山地の沿岸部との気温差は10度を超えることもある。それに反射率の高い道路は、夜も役立つ。街灯にそれほど多くのエネルギーを使わずに済むため、「節電になる」とパーフリーは指摘する。

トラックに載せられた円筒形のタンクから明るいグレーの塗料が撒かれると、作業員の一団がそれを縁石から縁石まで、通り全体に薄く広げる。やることはそれだけだ。街路樹や電柱や電線が、かつて暗色だった路面に影を落とす。青空から明るく差し込んだ太陽の光が、反射率が高くなった通りの上に、それらのシルエットを以前よりも鮮明に映し出す。残念なことに、反射性塗料の効果は、車のタイヤ痕がつくとじゅうぶんに発揮されない。カノガパークを、地区全体が反射性塗料でコーティングされた世界初の場所にするために、パーフリーが熱心にロビー活動をおこなっているのはこのためだ。もしそれが実現すれば、暗色の古いアスファルト舗装のせいでつけられてしまう車のタイヤ痕は、反射率の高い新しい路面でそれほど目につかなくなるだろう。つまり、明るい色の道路が増えるにつれ、タイヤ痕は減っていくはずだ。現状は、そのパイロット事業用の道路は数十メートルしかなく、黒いタールが塗られた交差点に隣接しているのだ。

パーフリーがガンタイプの小さな温度計で実験をおこなったのは、冬の曇天の日だった。もし夏に比較がおこなわれていたら、暗い色の路面と、反射率の高い明るい色のコーティングが施された路面との差は、さらに大きくなっただろう。コーティングにはほかにも、道路を長持ちさせるというメリットがある。道路を劣化させる最大の原因は、車の往来ではなく日光なのだ、とパーフリーは言う。

雲ひとつない快晴でも、すべての日光が地上に到達するわけではない。太陽放射の1パーセントは、地表に近づく前に高層大気にただちに捕らえられる。さらに日光〔専門的には太陽放射照度という〕の20〜25パーセントは、対流圏で温室効果ガスに飲み込まれる。およそ30パーセントは、はるか下のアルベドが大きい地表——極地の氷冠や、砂砂漠《すな》〔岩石砂漠の周囲に分布する、砂礫でできた砂漠〕など——に出くわして、跳ね返される。そして残りのおよそ50パーセントの太陽エネルギーが、陸地や海洋に吸収される。しかし吸収されたとしても、そこに永遠にとどまるわけではない。最終的にこのエネルギーもまた大気中へ、やがて宇宙へと再放出され、地球からの熱放射の一部となる。

地球に住みよい温度——現在、およそ15度に保たれている地球の平均気温——をもたらしているのは、太陽エネルギーが地球や大気に吸収される量と放出される量の差だ。そのため、太陽エネルギーが暗い色の物質により多く吸収されると、地球の気温が上昇してしまう。反射性の塗料は、気温のバランスを保持するのに役立つのだ。

クール・ルーフや反射率の高い道路は、害のない工学的偉業に思える（なにしろ地中海やカリブ海などの温暖な地域には、建物や道路の表面が白っぽいコミュニティが点在するのだから。こうしたコミュニティはずっと昔から、明るい色がもつ温度を下げる力を理解していた）。だが、それらの気候への影響は、明るい見た目ほど、輝かしいものではないかもしれない。

スタンフォード大学のマーク・ジェイコブソン教授は屋根を白く塗るとどんなことが起こるかについて研究し、２０１１年に論文を発表した。反射率の高い表面は大気を冷やすのではなく、むしろ地球の気温を上昇させることがわかったのだという。ジェイコブソンのデータは、反射率の高いコーティングをより多く採り入れることによって、局部温度は確かに下がり、都市のヒートアイランド現象は抑えられるが、地球全体としては温まってしまうことを示している。

要するにジェイコブソンが発見したのは、地表の局所から拡散された太陽放射は、いずれ大気圏の上方でエアロゾル（気体中に微細な固体または液体の粒子が浮遊している状態）に吸収されるということだった。これらのエアロゾルはさまざまな温室効果ガスとあいまって、地球規模で気温を上昇させる。さらに彼の分析は、反射が増えると汚染が悪化することを示している。もしクール・ルーフが、特定の地域でもっと大規模に導入されれば、「より多くの人が死ぬだろう」と彼は明言した。

クール・ルーフではなく、なぜソーラー・ルーフにしないのか、とジェイコブソンはいぶかる。吸収されたエネルギーは、少なくともなにか生産的なもの――電力――に変わるではないか、と。

ジェイコブソンの研究は、科学や環境の世界ではかなりの批判を浴びた。最大の批判のひとつは、クール・ルーフがもたらす省エネ効果、ひいては、炭素排出量の低減効果を排除している点だ。炭素排出量が減少すれば、都市のヒートアイランド現象とクール・ルーフのモデルに影響をおよぼす、ジェイコブソンが発見した地球の気温の余分な上昇を相殺する可能性がある。ジェイコブソンは実際に論文のなかで、直接この点を取り上げた。「白い屋根による局部温度の低下は、これらのシミュレーションで考慮されなかった要素、すなわちエネルギー需要、ひいては排出物を、減らすかもしれないし、増やすかもしれない。この指摘については、白い屋根が気候に与える影響にかんするいかなる最終評価においても、考慮されるべきだ」

確かにクール・ルーフは、夏は建物の温度を下げてエネルギー需要を減らすが、冬も建物の温度を下げるため、暖房のためのエネルギー需要は増える可能性がある。ジェイコブソンいわく、暖房に対する需要は冷房の4倍だ。そのため彼は、クール・ルーフについては、エネルギーの加熱と冷却という要素を考慮した、より多くの分析を求めている。そして彼は長い会話のなかで、冷却効果がありつつエネルギーも生み出すソーラーパネルへの支持を、何度も繰り返す。

太陽だけを考慮すれば、クール・ルーフはアルベド効果を高めて、局部温度を下げる。しかし、人工の材料やエネルギーがどのようにそのプロセスに干渉するのかは、まだ解明されていない――雲の形成や地球温暖化にどのように干渉すればいいのか、まだわかっていないように。

「もっと多くの実験が必要だ」とパーフリーは同意する。科学界の主流派は冷却がうまくいくと信じているが、もっといい方法があるかもしれない、と。「私は不可知論者だ。もっとよい方法があるなら、それを全面的に支持するよ」

その一方で、パーフリーはもっとよい方法が現れるまでは、クール・ルーフとクール・ロードを強力に推進していくつもりだ――カノガパークが、本当に世界初の人工的に冷やされた地区になることを期待しながら。

使われ始めてわずか数か月後、カノガパークの反射率の高い道路上にはタイヤ痕がいくつもつけられている。ほかの多くの通りと同じく、路上にはごみや葉っぱ、たばこの吸い殻も落ちている。夜が明けるまでは、そこが特別な通りであるという事実はほとんど失われている。しかしやがて太陽がのぼり始めれば、その材料の本領が発揮され、道路は明るく輝く。なんてクールだ。

＊　＊　＊

○スモッグを減らす屋根○

名称が作られたのはたかだか１００年と少し前だが、スモッグはこれまで何世紀も存在してきた。

それは煙（smoke）と霧（fog）が太陽エネルギーの助けを借りて混ざり合ったものだ。温かく湿った空気が地表近くに捕らえられ、移流というプロセスによって冷たい地表の上を移動すると、霧が発生する。そこに煙が加わると、スモッグになる。

スモッグを作るのは、森林火災や石炭の燃焼による煙だ。一方、自動車の排気ガスは、光化学スモッグと呼ばれる別の種類のスモッグを作り出す。これは、排気ガスに含まれる窒素酸化物などの汚染物質が日光に反応して生じる、茶色い煙霧だ。公衆衛生を危険にさらすため、都市などの人口密集地では特に問題となる。スモッグを吸い込むと、さまざまな致命的な病気や呼吸器疾患が起こりうる。よくみられるのはぜんそくで、肺がんも引き起こされる可能性がある。

汚染物質は主に燃焼エンジン――自動車、トラック、バス――の排気ガスから生じる。発電所や重機もスモッグを発生させうる。スモッグは、湖や森林の生態系を破壊する酸性雨の主因でもある。ますます多くの人が都市部へ移住するにつれ、スモッグは悪化の一途をたどるだろう。すでに世界人口の91パーセント――衝撃的な割合だ――が、世界保健機関（WHO）が定める大気環境基準値を上回る場所に住んでいる。

これ以上多くの人を危険にさらすことはできない。だからこそ、世界最大級の複合企業《コングロマリット》による、ある発明がきわめて重要となるのだ。それは、死を招きかねないスモッグを、クリーンで新鮮な空気へと生まれ変わらせることができる。

テープや接着剤で有名な3M（スリーエム）社は、スモッグが悪さをする前に大気中から除去する方法を考案した。同社が「スモッグ低減顆粒」と呼ぶものをごくふつうの屋根板に混ぜると、危険な汚染物質がイオンに変わり、大気の質を向上させることができるのだ。こうした作用は日光がこの特殊な屋根板と出会うことによって働き始める。日光が屋根板に当たると、ある化学反応プロセスが始まり、どんな屋根でもスモッグ低減装置に変えてしまうのだ。この顆粒には特殊な光触媒がコーティングされている。「日光が屋根板のスモッグ低減顆粒に当たるとラジカル（遊離基）が生成され、それが窒素酸化物を水溶性のイオンに変えて大気の質を改善させる」と同社は説明する。

ロサンゼルスと北京が、スモッグに悩まされていることはよく知られている。交通渋滞を減らし、大気の質を上げるために、これまで両都市はさまざまな計画を試みてきた。しかしスモッグは現在も続いている。スモッグを低減させる屋根は、両都市の空を澄みわたらせるのに大いに役立つ可能性がある。ひとつの屋根では都市全域のスモッグに大した影響はないだろうが、地域全体で取り組めば、大きな影響を与えられるかもしれない。

スモッグは都市のヒートアイランド現象と密接に関連している。アスファルトの舗装面は太陽エネルギーをより多く吸収し、局部温度を上げ、スモッグが発生する可能性を高めるからだ。3M社は、太陽を利用して新鮮な空気を作る方法を見つけ出したのかもしれない。

○路地もクールに○

シカゴには世界のどの都市よりも多くの路地がある。そうした暗い色の場所は日光を引き寄せて吸収し、都市部の気温を郊外よりも数度高く、急上昇させる。特に暑い夏の日には、ダウンタウンは郊外よりも5度以上高くなり、シカゴをかの有名なヒートアイランドに変えてしまう。

太陽のエネルギーを撃退するため、シカゴはグリーン・アレー・プログラムを策定し、スタートさせた。現在、市内の3000キロメートルの路地《アレー》に、日光を反射する明るい色の透水性材料を舗装し直しているところだ（透水性材料を使用するのは、シカゴの路地が下水管や雨水管に接続しておらず、局所的な浸水が慢性的に起きているため）。同時にシカゴ市は、庭への植樹や屋上の緑化を住民に奨励している。すべては都市部の高温が下がることを期待してのことだ。

気温が上がると、都市にかかる経済的負担は大きくなる。（冷房の）エネルギーコストが上昇するからだけではない。高温は大気や水の質を悪化させ、公衆衛生を損なうからだ。

ある研究の予測によれば、地球の気温が上昇すると、公衆衛生コストの増加や労働力の損失により、都市にはその郊外や農村部と比べ、2倍のコストがのしかかる。

シカゴは路地の緑化や冷却化を推進するため、路地の場所や幅や等級に応じていくつかの異なる技法を採用している。そのため、再生コンクリートやゴム、透水性の舗装材など、種類の異なる材料が使われている。実質的にその作業は、路地を完全に張り替えるか、コーティングし直すかのどちらかになる。施工の詳細はさまざまだが、目標は上空から見たシカゴの外面を変えることだ。

ご存じかもしれないが、シカゴは摩天楼の発祥地であり、碁盤目に整備されたおよそ600平方キロメートルの土地に270万人が住む密集都市である。碁盤目の都市は建物が集積しやすく、特に夜間に熱を閉じ込めてしまう。一方、ボストンのような曲線的な都市は、熱をもっとすばやく逃すことができる。暗色のミシガン湖に面したシカゴの立地と、中西部の平原へとつながるその広大な都市景観は、太陽の注目をいっそう引きつける。夜になるとシカゴはそれ自体の輝き──スカイグロウ（都市の照明など人工光源による夜空の輝きや明るさのこと）──さえ放つ。

また、ダークスカイ・プロジェクトでは、光を下に向け、上向きの光を発しない「光害フリーの」街灯が従来の街灯に取って替わることになる。以前よりも暗くなった夜空は、私たちがブルーライト──最も人工的な照明製品──に邪魔されずに星を見上げることができていた時代に、都市を少しばかり近づけるだろう。ブルーライトは野生生物の夜間の習性を妨げるだけでなく、人間の健康にも悪影響（概日リズムを乱すため）をおよぼしかねない。

かつての自然の姿を取り戻すために、都市開発をやめる、という選択肢はもちろんない。だが建造物がもたらす影響を軽減すれば、太陽から見たシカゴのような都市の魅力は減らすことができる。

PART II
大地と海洋

第6章 土壌をよみがえらせる方法

天然の核爆弾

足元に、天然の核爆弾が眠っている。ここインドネシアの熱帯雨林には、熱帯泥炭地の炭素が世界で最も多く貯留されているのだ。700億トンの炭素が、褐色の泥——数千年の間、腐敗がじゅうぶん進まず、湿地やジャングルのぬかるみに浸かっている植物の遺骸——のなかに閉じ込められている。泥炭にはほかのどんな種類の土壌よりも多くの炭素が含まれている。もしこの熱帯泥炭地の炭素がすべて放出されれば、地球の気温も汚染も爆発的に増加するだろう。それは全世界が2年分の化石燃料を一気に燃やすようなものだ。

インドネシアの泥炭地には、1ヘクタール（1万平方メートル）当たり9000トンもの炭素が含まれている。この国では1300万ヘクタールの泥炭地が、熱帯雨林に分厚く広がっているのだ。熱帯以外の国にも、インドネシアより広大な泥炭地はある。しかしこの国が特異なのは、猛烈な勢いで泥炭地を劣化させ、土壌に対しておそらく世界で最も破壊的な攻撃をおこなっている点だ。土壌が衰退すれば、文明も衰退する。

土壌には、動植物の命を支える、大気や水の汚染物質を濾過する、炭素や窒素やリンなどの元素を回収して貯留する、植生や人工構造物の基盤をなす、といった数多くのきわめて重要な機能がある。インドネシアの土壌は、そうした本質とは異なる理由によって破壊されている――そのおかげで私たちは、揚げ物が食べられたり、歯を磨いたりできるのだ。

インドネシアの熱帯雨林の広大な土地は、燃やされ、耕され、アブラヤシが植えられ、実が収穫される。そこから採取されたパーム油は、世界中の歯磨き粉、フライドポテト、ポテトチップス、ドーナツ、ファーストフードの主要な原料となっている。

毎年この島国全体で、数十万ヘクタールの森が皆伐され、耕され、農地に転換されている。この慣行が原因で、インドネシアは世界有数の炭素排出国となっている。土壌が劣化すると、炭素が大気中に放出されるからだ。もしこの慣行が今後100年続けば、大地のなかに隔離するのに2800年もかかる莫大な量の炭素が、大気中に放出されてしまう。

2015年に発生し、数か月間燃え続けたインドネシアの森林火災は、東南アジアのほぼ全域を煙霧で覆い、30日にわたって、1日当たりの排出量でアメリカ合衆国全体の排出量を上回る量の温室効果ガスを大気中に放った。毎日1600万トンの二酸化炭素を大気中に放出した計算だ。
平均的な自動車の二酸化炭素排出量は、1年間で5トンに満たない。だから1日に1600万トンという量がどれほどのものか、想像してみてほしい。そこかしこの幹線道路を埋め尽くす汚染の大渋滞が、延々と続くようなイメージだ。

世界銀行などの国際機関や、グリーンピースを始めとする非政府組織（NGO）は、インドネシア政府に対し、アブラヤシの栽培や野焼きを止めさせる新たな政策を定めるよう求めている。2017年のグリーンピースの報告書『パーム油産業はどのようにしていまなお気候を加熱しているのか（*How the Palm Oil Industry Is Still Cooking the Climate*）』には、アブラヤシ農家による破滅的な慣行について詳述されている。数々の挑発的な写真が示すのは、燃えさかる原野や、汚染された大気で苦しむ人々や野生動物の姿だ。「世界的なパーム油市場に関連する企業は、森林の皆伐を続けており、環境および社会的な被害に対して責任がある」とグリーンピースは言及する。

炭素の排出は大問題だが、土壌への被害も無視すべきではない。一般的にアブラヤシ農家は土地を荒廃させる。アブラヤシを収穫し尽くすと、別の土地へ移っていくからだ。彼らは連続して栽培しない。戻ってこない。通り過ぎた後に残るのは不毛の土地だ。

洗練されたやり方ではない。だが、これがパーム油ビジネスなのだ。インドネシア、マレーシア、ブルネイが領土を分かつボルネオ島の、人里から何キロメートルも離れた熱帯雨林の奥地では、労働者たちが私を無視して、不法伐採を続けている。彼らは鎖とバックホー（パワーショベルやブルドーザーなどの作業車に鍬状の排土板を取りつけた掘削機械〕を使って伐採した木を川まで引きずり、丸太を下流へ運ぶ。それは苛烈をきわめる仕事だ。施設や設備もない。泥だらけのテントで雨風をしのぐほかなく、道路に出るまでに徒歩で数時間、最も近い集落まではさらに数時間かかる。周囲は分厚い泥でぬかるんだジャングルで、丸太を引きずるのはおろか、歩くだけでも大変だ。この過酷な状況に、高温多湿な気候が追い打ちをかけている。

重い足取りで野営地へと向かう坂のふもとに、1本の大木がぽつんと立っている。その木は太陽に立ち向かい、青葉を盛んに茂らせている。枝は力強く、幹は堅固だ。あまりに立派であまりに屈強なため、これまで斧を寄せつけてこなかった。切り倒したり運んだりしようものなら、大変なことになる。この落ちぶれた労働者の一団にはあまりにも厄介な仕事だ。しかしじきに、この汚い身なりの泥まみれの靴を履いた6人の男たちは、材木として売れそうな木々を伐採し尽くした後、そこに火を放つだろう。あの誇り高き戦士のような大木は炎に包まれる。彼は灰と化し、おそらく何世紀もの間しっかと張っていたその根は、大地から引きはがされる。あとに残るのは彼の煤だけだ。だがそれも土とともに耕される。取って代わるのは、アブラヤシである。

ヘリコプターで南シナ海を横切り、スマトラ島の上空にやって来ると、野火が視界に入ってくる。炎をあおるふたりの人物が見える。世界最大級のパルプ製紙企業の幹部が、野火とその周囲を指し示す。その場所以外は数十万平方メートルにわたってすでに焦土と化している。農家が火を放って焼け野原にしてしまうと、誰もが——木材会社も——損をする。「野焼きが適切に管理されていないから、

２０１５年に起きたような大火災になってしまうんです」とその幹部は言う。森林は失われ、彼女の企業が製品を作るのに必要なパルプも失われ、動物は住みかを追われ、人々はその汚染によって健康被害を受ける。被害はそれだけにとどまらない。

たとえ野焼きが管理されていても、農家は将来に目を向けず、土地にきちんと手をかけない。「彼らを教育しなければ」と彼女は言う。木材やパーム油を禁止してもうまくはいかない。人は食べなければならないからだ。彼らはより切迫した基本的欲求のために、長期的な繁栄を犠牲にする。お金が、空腹を満たす食料が必要なのだ。

眼下のふたりは、ヘリコプターに気づいて森のなかへ姿を消す。どんな人物なのか詳述するのは困難だ。彼らは逃げ回る暗い人影で、すぐに視界から消えてしまう。しかし火は燃え続けている。

土地の喪失や土壌の劣化については、インドネシアと無教育の労働者だけを非難することはできない。ごくふつうの農地も、確実にダメージを受けている。アフリカと中国の農地は、土壌荒廃の点では1、2位を争う。長期的な持続可能性ではなく、短期的に収量を上げることが重視されているからだ。急増する人口を養うために、農地には大きな負担がかかっている。1種類の作物を栽培すること――農業が大規模化、工業化されがちな単一栽培《モノカルチャー》――もまた元凶だ。これは西側世界全域でもおこなわれている。作物に多様性がないと、土壌は命のバランスを崩し、死に始める。

アイスランドはかつて、緑豊かに茂る森と肥沃な土壌に覆われていた。そこにバイキングがやってきて住み着いた。彼らは土地を耕したり、森を伐採したりした。人口が増加するとともに、人々が求

める ものも増えた。いまやアイスランドは国土のおよそ半分が激しく浸食され、砂漠化によって大打撃を受けている。それは人間が地球を顧みることなく自然を搾取すると、なにが起きるのかを示す実例だ。

そのことはジャレド・ダイアモンドが『文明崩壊』（草思社）のなかで、イースター島で最後の木が切り倒されたときにしたのと同じ問いである――彼らはなにを考えていたのか。「彼ら」はなにを考えていたのだろうか。「私たち」はなにを考えているのだろうか。私たちは考えていないのだ。

現在のスピードで劣化が進めば、世界の全表土は60年以内に失われる可能性がある。そしてたった3センチメートルの健全な表土を、自然が新たに作り出すには1000年かかる。要するに、耕作地――私たちが食料の大半を作り出している場所――はいま、急速に消滅しつつあるのだ。このままでは食料不足に陥るという恐ろしい見通しが、残念ながらあまりに現実味を帯びてきている。農家は土地を大切に手入れしていない。農薬や合成肥料などの人工添加物の過剰使用によって、土壌は時間の経過とともに養分を失う一方だ。地球の肥沃な大地は、不毛の地へと変えられつつある。

「スマートソイル」プログラム

ありがたいことに、農地をよみがえらせる動きが徐々に広がっている。「スマートソイル」を用いれば、自然が1000年かかることを、農家は1回の生育期で成し遂げることができる。

スマートソイルとは、農作物にとって理想的な生育環境を作るための組み合わせだ。これには作物の輪作、灌漑の管理、堆肥の利用、被覆作物の肥料としての活用、最小限の土壌撹拌が必然的に伴う。

スマートソイルは伝統的な農法の秘訣を読み解き、作物の種類を問わず収量を最大化できる最高の農業のやり方をクラウドソースするものだ。

デンマークの科学者ヤルゲン・オールセンは、農業システムの気候変動への適応を専門とし、持続可能性の問題に常に関心を寄せてきたという。彼は20年ほど前に「窒素の流れ」に関係するある刺激的なプロジェクトで、土壌中の有機物に問題が起きていることに気づいた。窒素は植物の稔性（植物が受粉し、果実・種子を作れること）にとって重要な栄養素であることから、農業において不可欠な役割を果たしている。オールセンはその流れを分析することによって、農作物の収量をより正確に見積もることができた。だが彼の発見はそれだけにとどまらなかった——調査していたヨーロッパ中の農地で、土壌有機物がどんどん失われていることがわかったのだ。さらに研究を進めると、同じ症状が驚くほど急速に地球規模で起きていることが明らかになった。

「それにはちょっと驚いた」。オールセンはデンマーク北部のオーフス大学フォウルム研究所にある自らの研究室で、腰を下ろしながら話す。黒いTシャツと七分丈のズボン、眼鏡にサンダルといういで立ちのオールセンは、ショートヘアの髪の色にマッチしたゴマ塩の——ゴマより塩のほうが多いけれど——ちょび髭が印象的だ。デンマーク語訛りで畳みかけるように話すので、音節が聞き取れない。「そういった土壌有機物を多く含む多様性に富んだ草地を畑に転換すれば、これ（有機物の減少）が起こるだろうくらいは予測できる。しかしそれが、おそらく100年くらい経ったいまも起きているんだ……」。言葉が途切れる。その沈黙には意味がある――驚愕だ。土壌はよみがえらなかった。有機物は失われたままだったのだ。

土壌有機物は動植物や微生物の遺体からなり、たとえば泥炭内に大量に見つかる。有機物は土壌肥沃度の鍵であり、自然界における驚くべき循環のひとつ――死や腐敗から命を生み出す物質ができ、それが種《たね》を芽吹かせ、植物を成長させるというサイクル――に影響を与える。

有機物は分解されて無機物と微量栄養素になる。それを植物が吸収し根がすくすくと成長する。その根から植物は重力に逆らって伸び、地面を突き破って太陽と出会う。蒸散が始まる。土壌有機物がなければ、肥沃な土壌はない。肥沃な土壌がなければ、農業はない。農業がなければ、私たちの現在の食料供給はすぐに消え失せる。

土壌有機物が消失する原因は、結局のところ私たちだ。私たちが森を伐採したり、造成したり、過度に土地を耕したりすると、あるいは合成肥料などの人工の成分を大量に使って土壌を乱したりすると、生態系の生物学的活性が低下し、有機物は本来の役割を果たせなくなってしまう。国連食糧農業機関（FAO）はこの有機物の問題をじゅうぶん承知しており、健全な土壌を再生させるメリットについて農家を教育する措置を取ろうとしている。

「人間の介入というのはどんな形であれ、土壌生物の活動に影響をおよぼし、……したがって、そのシステムの均衡にも影響をおよぼす。連作や焼き畑など、土壌生物の生存条件や栄養条件を変えるような管理の方法は、それらの微環境を劣化させる。すると次には土壌生物相の減少が、生物量《バイオマス》（一定の空間に存在する生物の量。重量やエネルギー量で表す）と多様性の両面で起こる。土壌有機物を分解したり、土壌粒子を結合したりする生物がいなくなれば、土壌構造は雨や風や太陽によって簡単に損なわれる。これが雨水の地表流出や土壌浸食につながる」と、FAOは持続可能な食料生産にかんする報告書のなかで説明する。そして将来起こりうる荒廃の苛烈さについて、単刀直入に述べる。「深刻な土壌浸食は土壌微生物の潜在的なエネルギー源を奪い、その結果、微生物群集の死、つまり土壌そのものの死をもたらす」

　土壌がなければ、地球の陸上生物は消滅するだろう。

　20年前の発見の後、オールセンは野心的な目標を立てた。世界の農業のやり方を変え、健全な土壌を維持するだけでなく回復さえ可能にしよう、という目標だ。彼が開発した「スマートソイル（SmartSOIL）」というプログラムは、欧州連合に採用され、その手法が世界各地に広がっている。スマートソイルは科学やイノベーションや精密農業を頼りにしており、リモートセンサー、ナノテクノロジー、人工知能、ロボット工学など少しばかりハイテクの世話になることもある。人類が提供しうる、最高の農業の進歩だ。なにしろそこには、とてつもなく大きなもの――私たちの未来の生存――が賭けられているのだ。

　オールセンの大構想は、土壌の健康状態に介入し、外科的に治療をおこなうというものだ。そして外科治療とまさに同じく、最善の治療法とは、患者自身の体の一部を使うことだ。土壌の場合、体の一部とは自然の作用である。たとえば被覆植物として、あるいは窒素を取り込むために、クローバーや草を植えるとか、作付けの列の間隔を広げる、耕作を減らす、輪作の年限をあけるといったことだ。ごく自然なことなのだ。しかしこの方法は、合成肥料や農薬の助けを借りることもある。確かにこの最後の部分は物議を醸すところだろう。有機農法を求める動きが強まるなか、合成物質は健康的な栽培や食生活には忌み嫌われている。しかしオールセンからすれば、それは無知にすぎるというものだ。「植物由来の窒素も、多すぎればやはり有害だ」と彼は言う。たとえば、合成された窒素肥料のほうがソラマメ由来の窒素より溶脱が少ない。「だから有益であればなんでも私は賛成する」。溶脱とは土壌中の物質が土壌に吸着されずに地下水などに流出することだ。

もちろん窒素は植物の成長に不可欠だ。しかし窒素は一酸化二窒素という形で、二酸化炭素の300倍も有害な温室効果ガスにもなる。そのうえ、二酸化炭素の3倍近くも長く大気中にとどまるため、オゾン層破壊の主因となる。

土壌は複雑であり、その形成過程には多くの要因がある。雑草、日光の量、温度、降水量、母材（土壌のもととなる岩石などの材料）、農具などは、収量に影響する数多くの変数のうちのごく一部だ。また有機と謳われているからといって、ほかより優れているとか、健康的だとか、生産性が高いということにはならない。自然が独自の問題や病気を数多く発生させることもある。スマートソイルのプログラムの共通理念とは、土壌の長期的な肥沃度を犠牲にすることなく、土壌の生産性をできる限り維持することだ。

土壌は現に地球上の命の先触れだ。土壌は気候や生物から影響を受け、地上では大気と、地下では岩石と境界を接している。アメリカ土壌科学会の定義（一部）によれば、土壌とは「大体において固まっていない鉱物および／あるいは有機物の層であり、地表および／あるいは地表近くで、物理的、化学的および／あるいは生物学的プロセスに影響を受け、通常は液体と気体と生物相を含み、植物を支える」ものだ。私たちと同じように、土壌は時間とともに進化し、種類もさまざまだ。

土壌は、地質学の主要な団体によって、アレノソルと呼ばれる砂質の土壌から、ルビソルと呼ばれる粘土質の土壌まで30種類に分類されている。すべての土壌が植物の生育に適しているわけではない。たとえば泥炭土の土壌は締まりがなさすぎるうえ、有機物も多すぎる。植物を育てられるようにするには、耕して、もっと無機物の多い土を加えなければならない。それをやったとしても、栽培できるのは、先述したアブラヤシを除けば、数種類の根菜類しかない。

いわゆるふつうの農地を作るには、有機物をちょうどよい塩梅に混合することが必要だ。驚くべきことに有機物は、農地の表土のおよそ3パーセントを占めるにすぎない。まさに、ここにスマートソイルの出番がある。

欲しいときにいつでも食料が手に入るように、私たち人類が地球をいじくり回して地球に食料を作らせること――それを農業という――を始めたときからずっと、土壌の管理は難しい問題だ。最初期の農民が出現したのは、肥沃な三日月地帯――現在のイラクやトルコ・シリアからエジプトに至る、中東に広がる三日月形の地域——だった。その地で人々はおよそ1万年前、多少なりとも食料の安定確保を図ろうとして、狩猟採集をおこなう放浪生活をやめた——家畜に食べさせるために、コムギなどの穀物を育てたのだ。その土地はもちろん最初から栽培に適していたわけではなかった。そのため人々は創意工夫によって無理やり栽培に適するものに変えた。家畜の糞尿は肥料に使った。定住への長い道のりが始まり、ひとつの成長サイクル、つまり生態系が実現した。20万年におよぶ、季節やら周期やらに左右される放浪と採集と狩猟の時代が終わり、最初の現代人がようやく自然を手中に収めたのだ。農業の革命が始まった。別の言い方をすれば、人類は土壌を作り直すことによって、地球を改造し始めたのだ《ジオエンジニアリング》。それはおよそ150年前まで続いた。そのころまでは農業は主要な生活様式だった。ほとんどの人は農村に住み、農村で働いた。世界経済は農業に依存していた。世界貿易の最上位は農産物が占めていた。その後、産業革命が取って代わった。

現在私たちには、どうやら横着せずに食料を作ってくれる機械がある。土壌が疲弊したら、農薬や化学肥料などの人工の物質に置き替えもする。しかし土壌は長い間、私たちによってひたすら補強されてきた。そしていま、土壌は力尽きている。これが、私たちの現在地だ。

オールセンは説明する。「多くの場合、土壌有機物が枯渇するのは、土壌に戻る有機物の量が少なすぎるからだ。土壌に投入した量、あるいは土壌にもともと含まれていたより多くの生物量を搾取してきたということだ。もし穀物の粒を手にしているなら、藁、つまり茎はおそらくすでに取り除かれているることだろう。それを家畜の飼料にする発展途上国なら、なおさらだ。茎は家庭での食事などにも使われるかもしれない。彼らは糞尿まで使ってしまう……農地になにも戻さないんだ」。これは発展途上国だけがやっていることではないと彼は言う。「われわれの工業化されたシステムで、一部の合成肥料にかんして問題となってきたのは、それらを施せば当然ながら生産性などはぐっと高まるが、実際には根の生物量を減らしがちだということだ。それに合成肥料を使用していると、しまいには地面の下はスカスカになる。その状態で地上にあるものをすべて取り除けば、当然問題が起きる」。生物量の枯渇は、食用作物の枯渇を意味するのだ。

あるスマートソイルのプログラムでは、特定の生育気候のもとで土壌に最適な量の水と養分を与えている。オールセンが研究を進めているフォウルム研究所では、数十万平方メートルの検定圃がマップに落とし込まれ、調べられ、モニターされている。区画ごとにひとつのケーススタディがおこなわれているのだ。

たとえばクローバーの実験。クローバーは土壌に窒素をもたらす。しかしどのくらいの量が、またどのような条件が、最適だろうか。

耕す場合と耕さない場合を比較する実験もある。耕す深さを変え、どの深さが最適な生産量をもたらすのかを分析する。

生物量の実験もある。目標は、一年生と多年生の雑草の影響の違いを調べながら、生産性を2倍にすることだ。

そんなようなことがおこなわれている。

それぞれの四角い区画は手入れが行き届き、維持管理には細心の注意が払われている。旗や支柱、棒や図表がさまざまな出来事を表示している。そこは面積40万平方メートルを超える屋外の研究所だ。その光景に思わず目を奪われる。

鮮やかな黄色い菜の花や、可憐な野花が咲く大地。緑色のなだらかな起伏と、こげ茶色の土壌が露出した四角い区画。高さ20～25メートルの成木の森が点在し、遠くにはファームハウスと納屋が見える。ときおり聞こえてくる鳥のさえずりのほかは、静寂に包まれた場所だ。ここなら膝を折って地面のにおいを嗅いでも、人の目にはそれほど奇異に映らないかもしれない。

ひんやりした風がそよそよと吹き、明るい陽射しが輝くある春の日。農場生活というのはなんと非の打ちどころがないものかと深く考えさせられる。この美しさの向こうにあるのは、作物――命――を育み、それらを頼りに生きるという考え方だ。それは基本に立ち返ることを想像すること。シンプルに生きることだ。そんなことを思いながらカーブを曲がると、景色は一変する。未来がそこにある。

アップル社の巨大で真新しいデータセンターが、隣接しているのだ。それはガラスと鉄と新品のパーツからなるおよそ17万平方メートルの建造物だ。外観も目的も、これほどの明白な対比はありえないかもしれない。それは大麦も人参も生み出さない機械の野獣である。扱うのは実体のない――いうなれば、(いま、私がMａcに入力している)言葉のような――ものだ。

企業による土地の買収は、農業を排除してはいない。実際、企業的手法は私たちの農地を乗っ取ってきた。

大規模な工業型農業が盛んなアメリカ合衆国では、農地の平均面積は443エーカー（約180万平方メートル）だ。トウモロコシなどの一般的な作物の収量は、1シーズンに1エーカー（4047平方メートル）当たり3トン超とたいして多くはない。それに対処するために、センサーの助けを借りて土壌を整えたり、人工衛星が利用され始めたりしている。航空写真やデータが、土壌に必要なものや雑草の生えている場所を知らせてくれる。養分のデータもきわめて正確だ。肥料や農薬や水の量はマップ上に表示される。そして土壌の準備が整ったら、たいてい干ばつや害虫に耐えられるよう生物工学《バイオエンジニアリング》によって作られた種子が、機械を使って蒔かれる。灌漑も自動的におこなわれる。

　水は作物の成長にとって重要な要素だ。灌漑は紀元前6000年ごろに河川の氾濫による出水を利用して始まったが、エジプトのメネス王がダムや運河を使って本格的に実践し始めたのは、それから3000年後のことだった。現在の灌漑は、作物の成長を最大化するためにより洗練された技術が使われており、場合によっては1滴単位で、正確におこなわれる。

　最高の状態を実現するために、水をやり、肥料を施し、監視する。虫の侵入や作物の病気を撃退するために、より多くの農薬が頻繁に撒かれる。収穫期には農地からめいっぱい刈り取るために、コンバインなどの重機が使われる。それが終わると、土地は次のシーズンのために耕される。これが延々と続く……土壌がもうそれ以上の命を与えられなくなるまで。

　農場は、まぎれもなく工場である。そして工場というのは、生産効率が最大限になるよう意図されている。スマートソイルによる管理は、その歯車の歯だ。そして未来の農場は、可能な限り最大の収量を得るために、テクノロジーと人工知能を活用するだろう。ビッグデータとディープラーニングは、正しく扱えば、土壌を豊かにすることができる。過剰搾取と土壌劣化のリスクは、コンピューターモデルを使って評価できるのだ。非生産的な土地に頭を悩ませるのはもはや農家ではなく、データを精査するアナリストになるだろう。

地球上の陸地の半分近くが農地であり、都市生活に利用されているのはわずか1パーセントだ。残りの居住可能な土地は、森林、灌木、淡水に覆われている。300年前、食料生産に使われていた陸地は10パーセントに満たなかった。全陸地の10パーセント未満という数字と、現在の50パーセント近い数字の途方もない差を洞察するのは容易ではない。

多くの土地を切り開いて農地に変え、肥沃な土壌を失いつつある私たちは、食料栽培の代替手段をなにがなんでも考え出さなければならない。それはつまり、食料を得るために野生の植生を作り変えるという、私たちが下手を打ってきた仕事に、再度人の手を加えるということだ。もし農地がなければ、上空から見た世界はまるで違っているはずだ。自生する緑豊かな森や植生が、おそらく8000万平方キロメートル以上にわたり広がっているだろう。数字を聞いてもピンとこないかもしれないが、アメリカ合衆国の面積は1000万平方キロメートルにも満たないのだ。

未来の農業

オール・グリーンの仕事は、未来の農地を中心に構築されている。彼はアグロインテリ社——テクノロジーを使って農地《アグロ》にインテリジェントな解決策をもたらす会社（というわけで、この社名となった）——の最高責任者だ。この会社は、たとえば雑草の地図《ウィードマップ》やロボット、耕作用のある種のGPSにさえも、バーチャルリアリティを導入している。彼は未来の農地の姿について説明する気満々だ。

デンマークの魅力あふれる街、オーフスの郊外にあるアグロ・フード・パーク。オフィスに到着し、彼の部下ひとりひとりと握手しながら「おはようございます」と言葉を交わす。そして、そう、20人ほどが別々のオフィスに散ると、彼は突然パワーポイントのプレゼンテーションを始める。予想外の展開だ。

グリーンは30代後半だろうか。明るい茶色の髪と顎ひげから、おそらくデンマーク人以外に間違えられることはないだろう。エネルギッシュな声を威勢よく張り上げ、早口でまくしたてるように話す。だから、彼がノートパソコンを勢いよく開き、パワーポイントの最初の画面が現れるまでの、妙な間が気になってしまう。彼は画面の反応を待っているのだ。

表示されたのは、古き良き時代の画像だ。農夫が馬に引かせた鋤をしっかと保持している。「これがスマート農業だ」と彼は言う。「これがまさに未来の農地の姿なのだ」と。そしてその意味を分割して説明する。農夫の目の代わりとなるのは3D技術。馬の引きに対する反応の代わりとなるのは制御システム。農夫の鋤の感覚の代わりとなるのは運動センサーだ。馬の速度の代わりは物理的な力を表示するインジケーターで、土質を知らせてくれる。馬の歩行の代わりは収量影響データ、堆肥の代

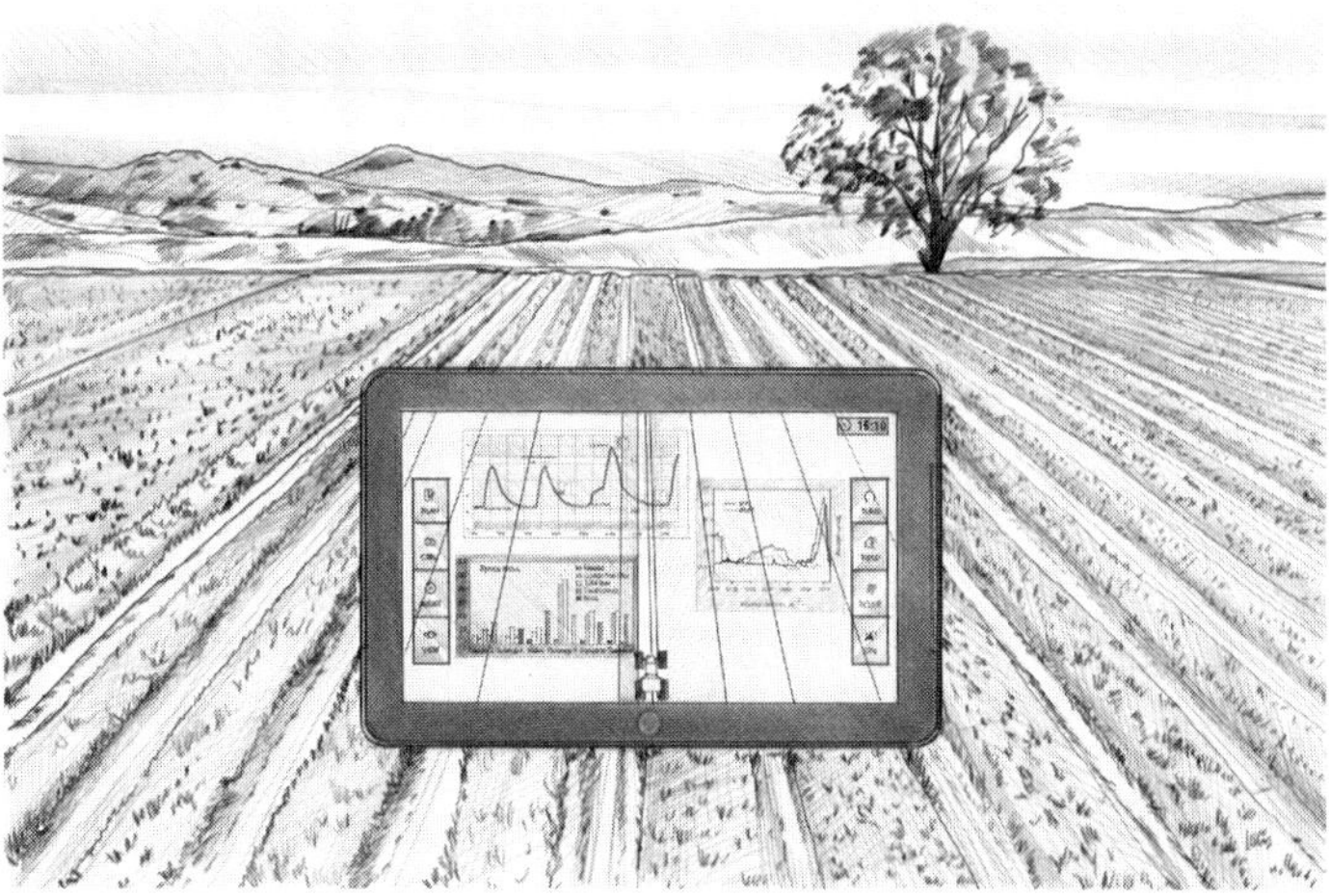

アグロインテリ社による農地のマッピング

わりとなるのはバイオ燃料だ。未来の農地のなにもかもがそこにある。

パワーポイントの途中をぱぱっと飛ばして次のスライドに移ると、そこには馬に取って代わり、自動操縦のトラクターが映し出されている。人工衛星の画像が土質を表示している。ハードウエアとソフトウェアが、あの古い写真のあらゆる要素に置き換わっている。テクノロジーとイノベーションは、農業がより精密におこなえるようサポートしているだけだ。つまり未来の農業とは、せんじ詰めれば精密農業ということになる。「ロボットは農業をやるためではなく、タスクの自動化のためにある」とグリーンは語る。「人工知能が主な牽引役となるのは、農夫が聞いたり感じたりする領域でロボットが担える部分だ」

思い描いてみよう――広大な大地を精査する人工衛星やドローンを。それらは地下水面や土壌の深さ、土壌の種類をマップ上に表示する。データは人工知能を搭載したコンピューターモデルに送られる。天気や気候の傾向は織り込み済みだ。区画は切り取られて3次元で表示される。遠隔操作の機械が整地をおこなう。作付けの列の間隔は、最適な収量が得られるように正確に保たれる。種蒔きや植え付けのために、多くのドローンが送り込まれる。ナノテクノロジーのセンサーが、作物の成長率や栄養不足にかんする信号をコンピューターモデルに送る。灌漑はコンピューターで制御され、作物の収穫はロボットがおこなう。

これらの先進技術はすでにすべて存在している。そのどれもが、私たちの利益になるように土地を猛烈に作り変えることを目指している。しかし自動化が可能な作業やテクノロジーがどれほど進歩しようとも、取り替えられないものがある——土壌だ。水や大気と同じく、私たちはそれをこしらえることができない。少なくとも、莫大な量を製造することはできない。選択肢としてあるのは、いまあるものを再び作り変えることだ。そのためにグリーンやオールセンは「スマートソイル」で協力し、イノベーションと最高の農業のやり方を融合させようとしているのだ。

それでも効率性と土壌再生を両立するには、代償がともなう——添加物だ。スマートソイルのプログラムを本当の意味で機能させるには、土地を過剰に耕すことができない。つまり雑草が生える。雑草は健康な作物の成長を阻害し、収量を減らす。耕さない農業プログラムで除草剤が頻繁に使われるのはそのためだ。除草剤は農薬であり、その使用は命にかかわりかねない。さまざまな研究が、各種除草剤と先天異常やがん、死亡とを関連づけてきた。もちろん除草剤のなかには毒性の低いものもある。

オーフス大学アグロエコロジー学部の上級研究員ラース・ムンコムは、土壌構造は複雑で雑草や病気の問題に対する簡単な答えはない、と語る。除草剤を増やすか減らすかは、土壌の深さや締まり具合など数多くの要因によって変わってくる。「そこには多くの条件がある」――多忙な彼が、土壌の未来について論じるために、日曜日に研究所のオフィスで、時間を作って会ってくれているのと同じように。

彼とオールセンに、同じ不躾な質問をぶつけてみた。「われわれ人類がめちゃくちゃにした土壌を、われわれが元に戻せるのか」と。ふたりの答えはだいたい同じだ。「やってみるしかないし、教育もやってみるしかない」。物事の「フランケン」側――合成農薬や合成肥料を使うこと――を気に病みすぎるのは的外れだ。大切なのはなんとしても健全な土壌を取り戻すことだ――インテリジェントなやり方で。自然が独自の病原体を作り出すことだってある。だから人間対自然の闘いではない。闘いに勝利するということは、両者のバランスをとることなのだ。

しかし零細農家に対し、どちらの除草剤のほうがよいか、どうやって世代を超えた慣行を変えるか、といったことを教育するのは、まったく容易なことではない。世界には5億7000万件の農家があり、その大半は家族経営の零細農家だ。

ある程度意味をもつ規模で導入する必要があるスマートソイルのプログラムにとって、教育は大きなネックだ。私たちは土壌再生のためにああだこうだ言い募ることはできるが、土壌を再びスマートにするためには、なにより多くの教育が必要だ。ボルネオ島の熱帯雨林の奥地で不法伐採に手を染めていた労働者を思い出してほしい。誰が彼らを教育するのか。自らが野に放つ火が耕作適地までも焦土にし、自分や家族が頼みの綱とする食料を栽培する可能性を奪っていることを、彼らはどうやって知ればよいのか。これはのっぴきならない泥沼だ。熟慮が必要なのだ。

地球を修復し、土壌を再び作り変えない限り、地球の表土は来世紀を迎える前に消滅する可能性があるという憂慮すべき見通しを、繰り返し伝える価値はある。食料は違う形で調達しなければならなくなるかもしれない。

＊　＊　＊

○垂直農場の進展○

世界最大の垂直農場が、ニュージャージー州のニューアーク――農業のイメージとはおよそ結びつかない都市部――にある。

垂直農法とはその言葉のとおり、作物を水平ではなく垂直に並べて栽培する方法だ。一般的に屋内で、棚などを使って苗床を積み重ねて育てる。スペースを最大限に活用することが目的であるため、垂直農場は都市部に多く見られる。

エアロファームス社の垂直農場は、かつての製鋼所のなかにある。そこでは先進技術を駆使し、日

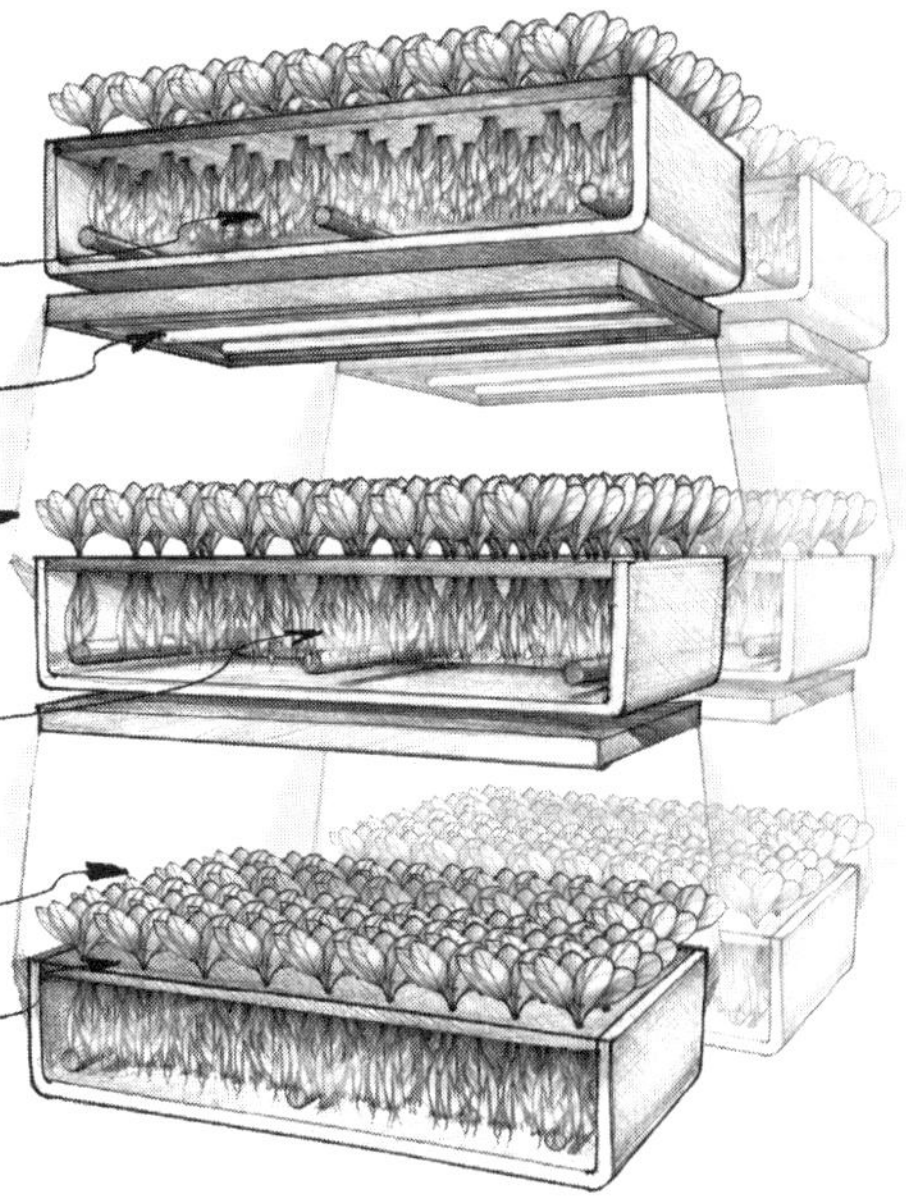

垂直農場の作付けの列

光も土壌も使わずに屋内で作物を栽培している。

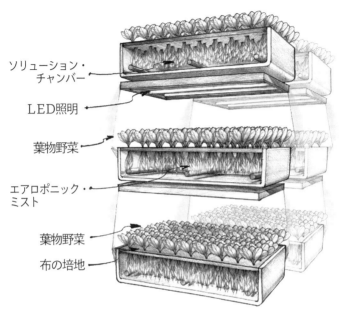

エアロファームス社によれば、ニューアークにあるおよそ6500平方メートルの施設では、年間900トンの葉物野菜が収穫できる。アメリカ合衆国の通常の農場における葉物野菜の平均収量が16トン強であることを考えれば、その差は明らかにけた外れだ。これが、垂直農法が新たな「緑の革命」ともてはやされている理由だ。

生育条件を最適化させ、従来の露地栽培と比べて水を95パーセント節約する技術で、同社は特許を取得している。一般的な屋内栽培技術である水耕栽培と比べても、水を40パーセント節約できる。植物の根を肥料を溶かした水溶液に浸す水耕栽培は、大麻や温室栽培の花など管理された環境が必要な花卉産業で、長い間、幅広くおこなわれてきた。日照不足を人工照明で補ったり、最大限生産するために植物を積み重ねたりすることもある——屋内や人目のつかないところで。

おそらく多くの人は、小学校時代に理科の授業で、水耕栽培したことを覚えているだろう（栽培したのはレタスやバジルの根であって、大麻ではないだろうが）。エアロファームス社のエアロポニックス（気耕栽培）も同じく土を使用しない。同社は莫大な収量を達成するため、LED照明を使ってそれぞれの植物に特異な光の製法《レシピ》を作成する、先進的な方法を採用している。これにより、最もエネルギー効率よく光合成するスペクトルと強度と周波数を、植物に正確に与えられるのだ。同社は、露地で用いられるのと同じ種子を使い、半分の時間で育てることができると説明する。これが、従来の露地栽培と比べて単位面積当たり400倍にせまる、高い生産性につながっている。

その魔法の一翼を担っているのがスマートデータだ。それは成長サイクルに組み込まれている。一貫した品質を確保するため、数百万ものデータポイントを分析しているのだ。また屋内で栽培すること自体、害虫の問題や病気の可能性を減らすため、品質保持に役立つ。エアロファームス社は、病気予防に対してさらに一歩踏み込み、種蒔きと収穫のためにリサイクル可能な特殊な布を使用している。この布のおかげで作物が感染症にかかるリスクがほぼなくなる。こうしたあらゆる措置により、単位面積当たりの収量が確実に増える、と同社は語る。

垂直農法は新しいものではない。その基本形はヨーロッパやアジアで13世紀にはすでに広まっていた温室にさかのぼる。しかし技術の進歩と都市化が組み合わさって新たな可能性が生まれ、垂直農法は世界各地の大都市で人気を集めている。ロンドンでは、地下の防空壕跡で垂直農場が稼働している し、日本の京都〔亀岡市〕では、より安全でより収量の多い環境を求めて、世界最大規模のレタス栽培垂直農場ができている。屋内育ちの食材のほうがはるかに好きだという人もいる。有名シェフのデイビッド・チャンは、エアロファームス社のパートナーだ。彼はその葉物野菜は、食感も風味も素晴らしいと語る。

照明やテクノロジーの粋を集めた垂直農法の難点はコストだ。たとえばエアロファームス社のニューアークの施設の建設費用は、伝えられているところによると3000万ドルにのぼる。実際、こんなに高価で垂直農法に利益が出せるのか、疑わしく思う人もいる。コストはさておき、少ないスペースでより多くの食料を栽培するというのは、世界が必要としていることだ。

○小規模農場の競争力を高める○

毎年、害虫や病気によって、発展途上国では全農作物の半分近くが、アメリカのような先進国でも4分の1が枯れる可能性がある。こうした農業の侵入者を寄せつけないようにするには、それらを人の手で探し出して農薬を撒くという方法では不十分であることがわかっている。ドローンを導入しよう。赤外線センサーを搭載したドローンなら、広大な面積の農地を精査し、問題を抱えた区画や、潜

アグイーグル社のドローン（RX-47）

在的な原因さえも特定できる。そうすれば農薬の散布にもっと磨きをかけられる。

カンザス州を本拠とするアグイーグル社は、農地を精査してデータを集める特殊なドローンを開発した新興企業のひとつだ。アグイーグル社では、農地をおよそ30センチメートル四方に区切って詳細に調べたデータを、独自のソフトウェア・プラットフォーム「ファームレンズ」に送って分析をおこない、精査した区画を視覚的に表示する。そして灌漑や農薬散布の範囲を加減する、といった調整案や解決策を提示する。プロセス全体が自律的かつ予測的であるうえ、農地をデータポイントの集積として表示するため、問題に対して即座に――しかも遠隔で――対処することができる。農地にかんする情報という点では、肉眼ではとてもかなわない。

およそ50か国で運用されている同社の農業用ドローンeBeeは、小型のステルス爆撃機のような見た目で、マルチスペクトル・センサーと特殊なカメラを搭載している。もしこのディストピア的外観の機器が世界の農作物の損失を大幅に減らせるなら、私たち人類を食べさせるためだけに犠牲になる土地も減らすことができる。要するに、テクノロジーで自然が守れるかもしれない。

小規模な農場にも農業技術による恩恵があるかもしれない。大規模な企業農場文化が出現して以来、過去80年の間に数百万件の零細な家族経営の農場が破綻した。より大きな区画を扱う企業経営の農場は、規模の利益がもたらす大量生産の効率のよさを採り入れてきたため、小規模な農場は太刀打ちできず、数千平方キロメートルの農地が放棄されてきたのだ。先進技術は小規模農場の競争力を高める。収穫ロボット、土壌品質のモニタリング、ビッグデータ、ドローンに人工知能を組み合わせれば、小規模生産者にも高い効率性を取り戻せるかもしれない。それによって小規模農場の経営が再び成り立つようになり、耕作放棄地が復活する可能性がある。

第7章 海を冷ますアルベド・ヨット

グレートバリアリーフの珊瑚を救う

ペルシャ湾で泳ぐのは爽快でもなんでもない。実際、海から出た後のほうが涼しく感じる。夏に海水温が32～35度になるのが当たり前のペルシャ湾には、その高い水温のせいで、アラビア半島の反対側にある紅海とともに、太陽に熱せられる世界で最も高温の大水域、という不名誉な称号が与えられている。

気温が44度に達するような今日のような日でも、海からあがると、露出した肌に微風が当たってひんやりする。一方、浅瀬に立つと、水のなかに蓄えられた熱が足を包み込む。通常の海や湖で泳ぐことに慣れている人にとっては、奇妙な、あべこべの体験だ。世界の海洋の平均水温は、ペルシャ湾のそれよりおよそ17度近く低いのだから。

波打ち際で立ち上がると、海水が肌から汗のようにしたたり落ちる。それは風に飛ばされたり、体を伝ってペルシャ湾へと戻ったりする。さざ波が静かにやさしく、ほとんど音も立てずに、ビーチに打ち寄せる。一方で、確実に耳に入ってくるのは、たくさんの「お～っ」とか「あ～っ」とかいう声だ。それは目の覚めるような海の青さや、中東のビーチの美しさに向けられたものではない。苦悶の声だ。灼熱の砂のせいで、まるで映画『テン』のダドリー・ムーアのように、タオルを取りに戻ろうとすると足が焼けるように熱い。ほぼすべての人が「お～っ」とか「あ～っ」とか発している。

体が乾くと、塩がひりひりと肌を刺す。ここでは過去20年間に塩分濃度が1.5倍に急上昇した。それはまさに肌で感じる気候変動の証拠だ。地球規模の気温上昇によって水分の蒸発量が増え、後に残った海水の塩分はより濃くなるのだ。また、この地域で海水淡水化プラントが増えていることも塩分濃度を上昇させている、と主張する海洋科学者もいる。脱塩化の過程で海に戻される水には、塩分がたっぷり含まれているからだ。

それに苦しめられているのがここの海洋生物である。最近の水産業研究によれば、ペルシャ湾は今世紀末までに、生物多様性のかなりの部分を失うおそれがある。環境ニッチモデルと呼ばれる科学的手法は、地球規模の海水温の上昇と湾内の塩分濃度の上昇によって、海洋生物に適した区域が狭まりつつあり、生態系の生物多様性の12パーセントを失う事態となっていることを明らかにしている。

さらに気がかりなことがある。ペルシャ湾に隣接するオマーン湾――海賊行為やパキスタンなどでの政情不安で悪名高い海域――に放たれた無人潜水機《シーグライダー》〔水中のデータを集めるのに使用される〕の一団が、フロリダ州ほどの面積のデッドゾーンを発見したのだ。それはオマーンの首都マスカット沖からアラビア海まで広がっていた。デッドゾーンとは、温かな水と汚染、あるいはそのどちらかによって、生物が生きられないほど大幅に酸素濃度が低下した水域のことだ。

しかしこの海洋生息環境の荒廃にもかかわらず、アラビア半島を回り込んだ反対側では奇妙な現象が起きている。ペルシャ湾とほぼ同じく海水温が異常に高い紅海で、サンゴ礁が力強く成長しているのだ。

世界中のサンゴ礁の大半は、地球温暖化の犠牲となっている。海水温の上昇が酸性化を引き起こして、サンゴを壊滅させるからだ。しかし紅海北部のサンゴにはそのようなことは起きていない。これはきわめて異例だ。

サンゴの研究者によれば、このサンゴはインド洋からはるばる数千キロメートル離れたこの海域に6000年かけてたどり着いた旅のおかげで、高い海水温に適応することができたという。ほかの海では、サンゴは比較的短期間に水温が上昇すると、そのショックで全滅してしまう。1901年以来、海面温度は10年ごとに0・07度ほど上昇しており、今後も当面は上昇し続けると予測されている。0・07度の上昇など大したことではないと思うかもしれないが、海洋環境はものすごく繊細だ。そのようなわずかな上昇でも数十年にわたれば、サンゴだけでなくあらゆる形状、大きさ、規模の生物が一掃されてしまう可能性がある。

サンゴの専門家は「紅海でみられるような打たれ強さを示すサンゴは世界中どこにもない。そのサンゴ特有の旅人気質のおかげで、数千年の間に少しずつ温度変化に適応できたのだ」と断言する。

専門的に言えば、サンゴは動物である。光合成はせず、ほかの食料源に依存している。彼らは動物プランクトンなど微小な浮遊性の動物を食べ、すべての動物がそうであるように、不要なものを排出する。

実際のところ、サンゴは数千～数万のポリプと呼ばれる生物からなる。ポリプの体は軟らかいが、成長して硬い外骨格を作る。私たちがサンゴと聞いてふつうに思い浮かべるのは、その外骨格だ。ポリプは海底や岩やほかのサンゴに付着し、集まって群体となり、幻想的な色彩を帯びるようになる。サンゴの内部に共生する藻類があらゆる種類の色素を作り出し、それがポリプの透明な体から透けて見えるのだ。

サンゴは地球上で最大の命の生産者だ。彼らは約２５００万年にわたり、摂取したものから不要なものを排出し、藻類はそれを使って光合成するという循環をおこなってきた。このおかげでサンゴの群体は成長して拡大し、サンゴ礁になることができる。するとサンゴ礁は、より大きな海洋生物の住みかとなる。こうして、海洋生態系の基本構成要素が生まれる。

ところがサンゴは環境の変化に敏感だ。もし温度が上がりすぎたり日光が増えたりすれば、あるいは彼らが依存している栄養分が減ったりすれば、内部の共生藻を吐き出してしまう。これによってサンゴは白くなり、いわゆるサンゴの白化現象が起きる。

白化が起こるとサンゴは死の淵に追いやられ、ついには死んでしまうおそれがある。世界的にサンゴの白化は、記録がつけられ始めた少なくとも1880年代以降、前例のない規模で起きている。世界のサンゴ礁の70パーセントが以前よりも高い海水温にさらされ、生存を脅かされているのだ。そこから人類を脅かすようになるまでは、ホップではなく、スキップ、つまりあっという間だ。人類にとって欠かすことのできないたんぱく源である魚介類から酸素に至るまで、私たちはサンゴ礁が生み出すものに依存している。だから世界のサンゴ礁を保護することが重要なのだ。

ヨルダンは瀕死のサンゴ礁を紅海に移して回復を目指す、という抜本的な措置を講じている。そこに生息する古来の打たれ強いサンゴと人為的に結合させることによって、移植したサンゴ礁を救おうとしているのだ。

「2012年、このプロジェクトに取り組むダイバーチームは、海岸南部とアルデレ地区のサンゴをかごに移し、それを継続的に水中に沈めながら3キロメートルほど北まで運んだ。サンゴはその後、移植サンゴ専用に造られた金属構造物と特殊な接合材を使って、損傷を受けた礁と洞窟に再移植された。より小さなサンゴの群体は養育場へ移された。移植の成功を確かめるための保護期間が終わると、アカバ海洋公園前の新たな場所が2018年に一般公開された」と、『ナショナルジオグラフィック』誌は伝える。

この人手を介した再生が、時間の経過とともに成功することが明らかになれば（経過はつぶさに観察されている）、ほかのサンゴ礁でも同様の再生作業が始まるかもしれない。それはオーストラリア沖のグレートバリアリーフにとって、さらにもうひとつの希望の光となりうる。グレートバリアリーフはイタリアの面積に匹敵する世界最大のサンゴ礁で、地球最大の生き物だ。あまりに巨大で、宇宙空間からも容易に見て取れる。しかしその華々しく壮大な生命体は、単に死と私たちのままならない惑星を想起させるものに過ぎない。

グレートバリアリーフを、その衰退に関与する数多くの脅威――なかでも最も深刻な気候変動――から守ろうとする計画はたくさんある。有毒な農業排水が海に流れ込んでサンゴ礁を破壊することのないよう、オーストラリアの農家に汚染を減らすための資金を拠出する計画もある。農家が有害な合成肥料を使うと、それを含んだ水が近くの小川から川へ、さらには海へと流出し、やがてサンゴ礁に到達して影響をおよぼすからだ。ほかにも、サンゴ礁の破壊の一因となっているヒトデを捕食するホラガイを、海底に放す計画もある。オニヒトデはサンゴを食べてしまうのだ。最近、この棘だらけの生物がたびたび大量発生し、サンゴ礁のかなりの部分が危難にさらされている。オニヒトデが大量発生する理由は不明だが、おそらく気候変動が原因ではないかと言われている。さらには、生態系を、ひいてはサンゴの群体を破壊する、違法乱獲を取り締まるパトロールを増やす計画もある。微細な生物を食べる小さな魚や、その魚を捕食するより大きな魚がいなければ、藻類がサンゴの上に繁茂して、サンゴを窒息させてしまうのだ。それらの除去作業をより適切に支援する重要なデータを集めるため、オーストラリア沿岸部をモニターする波乗りロボットまで送り込まれている。「ウェーブグライダー」と呼ばれるこのロボットは、自律航走して気象や水質の測定データを集めている。

だがイギリス生まれの雲物理学者ジョン・レイサムと、南アフリカ生まれの設計技師スティーブン・ソールターが考案したもの以上に野心的なサンゴの保護計画はない。空を明るくしてその下の海水温度を下げ、海中にあるものを守ろうというのだ。もともと彼らの目的はサンゴの保護ではなく、グレートバリアリーフにも、ほかのどの特定のサンゴ礁にも目を向けてはいなかった。しかし、地球温暖化を阻止するためのこの大胆なアイデアの最大の受益者が、サンゴ礁を始めとする、危機に瀕した海洋生息環境でありそうなことがわかったのだ。

洋上の雲をもっと明るく

レイサムは、雲の形成を半世紀近く研究してきた有名なイギリスの物理学者である。気象関連の数多くの賞に輝き、マンチェスター大学の大気科学センターを設立した人物だ。詩人としての受賞歴もあり、そのことが気候科学に対する彼の独創的なアプローチにある種の洞察を与えている。

ソールターもさまざまな方法で科学の問題に取り組んでいる。81歳の彼は、話すととても愉快な人で、エディンバラ大学での講義ではアカデミックな内容を実践的にかみ砕いて教えるのを得意としている。

レイサムのアイデアは、洋上の雲を明るくして——つまりもっと白くして——太陽エネルギーをより多く反射させ、その下にある海を冷やすというものだった。ソールターはそれを実行するための、大胆だが実践的な方法を考案した。それは、海水を大気中に噴霧して雲の白さを増すことで日光の反射率を上げる自動操縦のヨットを造り、それらに編隊を組ませて大海原を渡らせるというものだ。アルベドとは先に学んだように、地表が太陽エネルギーを宇宙へ跳ね返すことだ。白い表面ほどアルベドの効果は大きくなる。雲はこれを自然におこなうが、雲の中心部に海水を噴霧して雲をもっと白くすれば、雲のアルベド効果は上がり、温度を下げることができる――レイサムの気候モデルによれば、たとえ二酸化炭素の排出量が2倍になっても地球の気温の均衡をじゅうぶん保てるほどに。

「洋上の雲を白くする」というアイデアは、レイサムが『ネイチャー』誌に「地球温暖化を制御?」という論文を書いた1990年にさかのぼる。雲物理学者である彼は、気温や気象を操る雲の力をよく知っていたし、どういったものが雲の組成を変えるのかもわかっていた。たとえば海を航行する船は、洋上の雲を白くする。エンジンから排出される硫黄分が舞い上がり、雲を形成するガスと混ざり合うからだ。その雲は人工衛星の写真が証明するように、ほかの雲と比べて際立って明るい。

海の雲は陸の雲とは異なる。それらは通常、陸の雲よりも空のはるかに低いところでじっとしており、反射する日光はおよそ10パーセント少ない。また、海の雲は陸の雲よりも大きな水滴(雲粒)を運んでいる。雲粒が小さくなると、密集した雲粒が事実上のシールドを形成し、白く輝くというトゥーミー効果によって、反射率が上がる。エアロゾルや汚染はこの効果を促進させる。これは船から排出された物質が、洋上の雲に加わるとはっきりわかる。その雲は光をより反射しているからだ。

洋上の雲を白くするというテーマにかんするレイサムの最初の論文には、フランスの大西洋側にあるビスケー湾を航行する船の航跡の画像が添付されている。船が通ったばかりの上空には、航跡のない場所よりも白い雲が浮かんでいることがはっきり見て取れる。ポラロイド写真大の、まるでロールシャッハ検査で使われるような画像が、黒い楕円形——海——とその周囲のごちゃごちゃした層状の細い灰色の帯——層雲——をよく示している。その横にある井桁が並んだような痕は、船の航跡だ。それらは黒い不規則な背景のうえに、不自然な直線を描いている。そしてその上空には、花火のように縁が明るく輝いた、綿毛のような白い染みが浮かんでいて、奥行きを感じさせる。それらは船によって条件づけられた雲だ。

レイサムの大構想は、船のエンジンが排出する硫黄分の代わりに、同じくトゥーミー効果をもたらす塩水を使って、この現象を再現することだった。これを広大な規模でおこなえば、地球の冷却化に効果があるだろう。しかしレイサムは、「洋上の雲の白色化」は地球を冷却させるだけでなく、サンゴ礁を保護したり、氷床の崩壊を回避したり、ハリケーンの強度を弱めたりするといった、もっと局所的な仕事もこなせることに気づいた。

「(洋上の雲の白色化は)ほかの(太陽放射管理)戦略とは異なり、原理的には地球規模よりはるかに小規模で展開できるため、さまざまな地域レベルで活用が可能だ。また、この方法はおそらく局所的に海面を冷却させるため、すでに観測されている、もしくは今後数十年内に起こると予想される、特定の地域における温暖化の影響を緩和あるいは回避するのにさえ使えるかもしれない」とレイサムは述べている。

彼は論文を発表すると、洋上の雲の白色化を実現するプロジェクトでタッグを組もう、とソールターに声をかけた。

ソールターは、（アヒルのように）海面を小刻みに上下して波力エネルギーを電気に変換する「ソールターのアヒル」という装置を考案していた。彼はレイサムのアイデアに興味をそそられた。地球を救うというコンセプトはもちろん魅力的だったし、正確な量の塩水を大気中に放出する自己持続的な装置をどうやって作るか、その装置を人間が操縦することなく無限に海を航行し続ける船にどうやって取りつけるか、という課題にも挑戦してみたいと思った。

そうして彼が考案したのは、巨大な煙突のような装置がついた、全長およそ40メートル、重さ300トンの双胴船《カタマラン》だった。完成予想図に描かれているのは、カリブ海のレジャークルーズ船か、はたまた青く涼しい地球への希望を乗せた先進の科学調査船か、とでも称されそうな、エレガントな白いヨットだ。

最初に考えなければならなかったのはエネルギーだった、とソールターは語る。ふたつの動力源が必要で、ひとつは船を動かすためのもの。もうひとつは、ローター（円筒）を回転させて空気と海水を押し上げ、大きな噴出口から放出させる装置を動かすためのものだ。また、追跡装置とコンピューターを動かすエネルギーも、おそらく必要となる。

彼は風力エネルギーで船を動かすことにした。アメリカズカップのヨットのように、海面を滑走する帆船だ。超軽量の水中翼船なら、ホバークラフトのように少ない抵抗で滑走できる。ソールター

ローター（円筒）で風を捕らえ前進するアルベド・ヨット

はホバークラフトと同じく、抵抗、つまり摩擦を極力減らす必要があった。彼は速度については気にしてなかったが、塩の噴霧に必要な海水の吸い上げに関係する、抵抗と闘うことが欠かせなかったのだ。

通常の帆船の帆の代わりにソールターが目を向けたのが、フレットナー・ローターだった。ローターを垂直に立ててディスクで風を捕らえ、船を前進させる仕組みだ（ローター船（円筒船）は、帆の代わりに円筒を立て、これを回転させて起こる気流変化を利用して航行する）。次に彼が解決しなければならなかったのは、濾過だった。どんな目詰まりのないシステムが考え出せるだろうか？ ひとたび海水を取り込んだら、その水は、ソールターの設計によれば高さおよそ20メートルのローターを通り抜けなければならない。海水はローターの最上部からが噴霧されるのだ。目詰まりが起これば、全プロセスがシャットダウンすることになる。彼は最終的に、水から微小なポリオウイルスを濾過するのに使われる膜に頼ることにした。ポリオは水を介して伝染する可能性があるため、それを除去する効果的なフィルターがすでに開発されている（とはいえ、この病気が概ね根絶されている功績は、ワクチンにあると考えるべきだ）。いずれにせよ、ポリオを漉し取る孔はナノメートル単位の小ささであり、目詰まりもしにくい。ソールターにとってまさに好都合だったのは、20センチメートル大のシリコンウェハー1枚につき、15億個の孔があけられていたことだった。それを使えば、雲の凝結に最もうまく作用するサイズの水滴を生み出して噴霧できる。

ソールターの設計では、船が動き始めると、海水はタービンに引きずり込まれ、ローターとパイプのなかを通って押し上げられて、シャワーヘッドのような先端から放出される。作られる水滴のサイズ（0.8ミクロン）が肝要だ。ふわりと上昇して雲に到達するほどじゅうぶんに小さくなければならない。大きな水滴ではすぐに海に落下してしまうからだ。

水滴が雲の凝結に加わると、雲は白く輝く。白さを増した雲のシールドは太陽放射をより反射する。科学用語ではこれを放射強制力と言い、洋上の雲の白色化は負の放射強制力を促す。つまり局所的な、ひいては地球規模の、気温上昇を抑止する力があるということだ。

地球の大気圏の最も外側では、1平方メートル当たり1360ワットのエネルギーを太陽から直接受けている。地球全体では、全人口が1年間に必要とするエネルギーを1時間足らずでまかなえるほど莫大な量を受け取っている。そのエネルギーの半分以上は、地表に到達する前に、ほとんどが雲によって大気中に吸収される。だから海水を噴霧して雲を白く輝かせれば、地表に――グレートバリアリーフの場合は海面に――到達するエネルギー量を減らすことができるのだ。

テレコネクション

洋上の雲の白色化は、比較的害のないものに思える。大気には人工的なものは一切加わらない。「アルベド・ヨット」として知られるようになった船がやることは、海水を噴霧し、空高く送り込むことだけだ。しかしそこにはさまざまな影響が、気象パターンに予想外の変化をもたらしうる重大な因果関係があるかもしれないことが、わかってきた。

テレコネクションとは、理論上存在するバタフライ効果〔蝶がはばたく程度のごく小さな撹乱でも、遠くの場所の気象に影響を与えること〕になぞらえることができる大規模な気象現象だ。そのパターンによって、地球上のある場所の気象が、大陸や大洋の反対側など遠く離れた場所の気象に影響を与える理由や仕組みが説明できる。それらは世界中で連鎖しているため、気象学者は変化を追跡することが可能だ。エルニーニョ現象と、逆のラニーニャ現象は、テレコネクションのパターンとしてよく取り上げられる。

アメリカ国立気象局の気候予測センターは、テレコネクションのパターンを大気波とジェット気流における変化だと考えている。その変化が気温や降雨、暴風雨の強度に影響をおよぼすのだ。

エルニーニョ現象とは、専門的には南方振動のパターンであり、南アメリカ大陸の太平洋沖合で海面水温が異常に高くなることを意味する。これがメキシコ湾岸などにより多くの雨を、アメリカ合衆国北東部にはより温暖な冬をもたらす。ラニーニャ現象はペルー沖の同じ海域の水温が下がることで引き起こされ、エルニーニョ現象とは概ね逆の影響をもたらす。エルニーニョはスペイン語で「幼子イエス・キリスト」という意味で、およそ2世紀前、クリスマスの時期にこの海域の温かい海水に気づいたペルーの漁師たちが使い出した言葉だ。

こうした古来のパターンに、洋上の雲の白色化がもたらすような人為的な海洋冷却が介入すれば、気象は予想を超えて制御不能に陥るかもしれない。一部の気候学者は、もし洋上の雲の白色化が、たとえば大西洋でおこなわれれば、世界に莫大な量の酸素を供給するアマゾンの熱帯雨林が干上がり、破滅的な結果をもたらすおそれがあると考えている。さらにメリーランド大学の研究者クリストファー・トリソスは、「ジオエンジニアリングに対する気候の反応については詳細に研究されている一方で、生物多様性の潜在的な結末についてはほとんどわかっていない。生物種が絶滅を避けるためには、変わりゆく気候に適応するか、それを追いかけて移動していくしかない」と、２０１８年1月に『ネイチャー・エコロジー・アンド・エボリューション』誌のなかで論じている。

その論文は洋上の雲の白色化を名指しこそしていないが、「あらゆる種類のジオエンジニアリングに対して敵対的だ」として、ソールターは反論した。彼は、洋上の雲の白色化はターゲットを絞れるため、地球にそのような害はおよぼさないだろう、と語る。もちろん実験や検証をさらに進めていく考えも示した。

トリソスはある会話のなかで、洋上の雲の白色化についての批判を繰り広げ、突然の実施、もっと言えば、突然の終了——停止ショック〔放射管理を止めると急激な温暖化などが起こること。打ち切り効果のひとつ〕として知られる現象——は、生物種にとって壊滅的で地球がこれまでに経験したことのないものになりうる、と語っている。動物も植物も、私たち人類でさえも、気候がもたらす個々の事象に適応して生きている。生物種のなかには、ある特定の条件でのみ生き延びられるものもある。たとえば熱帯植物は低温にさらされるとすぐに枯れてしまう。そのシナリオを地球上の全生物種に広げてみれば、打ち切り効果〔ジオエンジニアリングを停止したときの環境変化〕が大規模に展開することが推定される。

「僕らは生態系に依存して生きているのだから、太陽放射管理が生態系にどう影響するかを理解すべきなんだ」。そう語るトリソスは、太陽放射管理のジオエンジニアリングについて初めて知ったとき、SFみたいな無茶苦茶な話だと思った、と話す。その後、彼は自らの研究を追求するなかで、実験の準備が整いつつある真面目なプログラムも複数存在することを知った。彼の研究の大半は、雲に粒子を撒いて反射率を高める「成層圏エアロゾル注入」にかんするものだ。だが彼は洋上の雲の白色化にも目を向けた。「どちらにも停止ショックが起こるリスクはある」と彼は言う。実験を突然やめれば、気温はすぐに再上昇するだろう。彼が懸念する適応の問題に話を戻すと、その気温の急上昇に生物種が適応する時間はほとんどない。だが成層圏エアロゾル注入の場合は、気温がじわじわと戻るまでに数か月のタイムラグがある。つまり、もしプログラムの歯車が外れたら、計画を再開するかほかの解決策を考え出す時間がある、ということだ。しかし、洋上の雲の白色化の場合は、「雲のシールドは急速に……数日で失われるだろう」と語る。「そしてもし地球の温暖化がすでに進行していたら、目も当てられない。干ばつだけでなく大規模な森林火災が起きるおそれもある」とトリソスは付け加える。

これはすべて理論上でのことだ、と彼は強調する。太陽放射管理の影響についてはほとんど研究がおこなわれてこなかった。洋上の雲の白色化の影響については、なおのこと研究されていない。それが心配の種だ。

それでもオーストラリアのシドニー海洋科学研究所は、グレートバリアリーフを救う可能性が最も高いのは、洋上の雲の白色化だと考えている。

シドニー大学の研究者ダニエル・ハリソンのチームは、グレートバリアリーフを救うあらゆる種類の方法を調べ、最も有望なのはターゲットを絞れる洋上の雲の白色化だ、と語る。まずはグレートバリアリーフの小さな区画で実験をおこない、それがうまくいけば、「もっと範囲を広げ、グレートバリアリーフ全体でおこなっていけばいい」と話す。

サンゴに最大の利益を確実に与えるようにその海域を冷やすため、包括的なモデルによるシミュレーションをおこなう必要があるが、彼はこれまでの結果に勇気づけられている。オーストラリア政府は現在、洋上の雲の白色化に対し、グレートバリアリーフを救う方法として徹底した実行可能性調査をおこなうための資金を拠出している。

グレートバリアリーフ上での雲の白色化では、ソールターの設計案に沿った船が使用される可能性があるが、ほかにも多くの選択肢がある、とハリソンは言う。噴霧装置を陸地に設置する、噴射式の除雪機のような機械を船に設置する、海面に浮かぶプラットフォームの上に固定式装置を載せる、などだ。

ハリソンは悪影響についてはあまり心配していない。「その影響はほんのわずかだろう」。洋上の雲の白色化は局所的に実施されるため、その範囲を超えた影響がだらだらと続く可能性は少ない、と語る。そうは言っても、彼はチームが構築している海洋と水質とサンゴ礁の分析モデルに、大気モデルを組み込む予定だ。

もしコンピューターモデルに、有害な連鎖的な変化が実際に出てしまったら、実験は終了だ。「それはまったくうまくいかないかもしれないし、予想よりもうまくいくかもしれない」とハリソンは言う。

洋上の雲の白色化は、グレートバリアリーフを冷やす目的では断続的にしか使われないだろう。つまりそれは、最も危機に瀕した場所に1回につき2〜3週間噴霧するという意味だ、とハリソンは語る。そして噴霧はおそらく、サンゴ礁周辺の海水温が最も高い夏にしかおこなわれない。

一般的な海水温、ひいてはサンゴ礁の海水温を下げる特効薬はない、という事実を彼は率直に言う。「それをやったところで、炭素排出を減らす必要性がなくなるわけではない」

もちろん、炭素排出の時計の針は、かつて期待されていたほど迅速にも効果的にも戻せていない。

海洋は今後数十年、前例のない温暖化への軌道に乗ったままだ。

世界各地の港へ派遣されたアルベド・ヨットの船団が、土壇場での勝利に貢献できるのだろうか？ この案は、悪影響が出るおそれがあることは別にしても、簡単でも安価でもない。

とはいえ、ソールターの試算によれば、1隻当たりおよそ200万ドルのコストで毎年50隻の船団を就航させれば、世界で排出される二酸化炭素量の1年分を打ち消すことができ、海水温の上昇を食い止められる。地球温暖化に関連する経済的損失――数兆ドル――と比べれば、洋上の雲の白色化は安上がりな解決策だ。

しかしシリコンバレーの投資家グループは、パイロット事業用のアルベド・ヨットの建造計画に対し資金援助の寸前までいったが、結局、頓挫した。イギリス政府もその計画に対する資金調達のアイデアを出したが、それも実現しなかった。

それでもレイサムとソールターは、資金調達が実現し、彼らの大きな夢が叶うという望みをまだ捨てていない。

最終的には、彼らはこんな姿を思い描いている。1500隻の自動操縦のヨットが大海原を横断し、まるで潮を吹くザトウクジラように、上空に向けて海水を噴き上げる。ヨットは遠隔操作により、季節ごとに異なるホットスポットへ向かう。悪天候で航行が困難な場所は回避する。グレートバリアリーフのような地域には必要に応じて治療を施し、それが終わると船団は前進を続ける――常に、雲を白く輝かせる場所を探し、空に向かってミストシャワーを噴き上げ、世界各地の海水を冷やしながら。そのミストの向こうに虹が見えるのが想像できたなら、あぁ、まるで夢のようだ。

＊　＊　＊

○海藻で海を手当てする○

海藻はしばしば海の「木」と呼ばれる。そして木と同じように大気中から炭素を隔離し、日陰を作る。海中では、炭素含有量が少ないというのは、水温が低く酸性度が低いことを意味する。海水温が上昇すると酸性度が上がり、海洋生物だけでなくサンゴ礁のような生息環境も壊滅的な被害を受ける。

それなら海や海洋生物を守るために、もっと海藻を育てたらどうだろうか？　それが著名な気候科学者であり、『太陽と海藻――世界に食料とエネルギーをもたらし、世界をきれいにする方法について（*Sunlight and Seaweed: An Argument for How to Feed, Power and Clean Up the World*）』の著者でもあるティム・フラネリーが、私たちがやるべきことだと信じていることだ。どんな計画か、だって？　それは、ジオエンジニアリングのために世界中に大規模な海藻農場を作ることだ。

フラネリーはオーストラリアにおける気候問題の第一人者で、12年にわたって国の気候委員を務めた人物だ。彼はおそらく、２００５年刊行の著書『気象を作る人々（*Weather Makers*）』で最もよく知られている。そのなかで彼は、人間がどのように気候を変えてきたのか、そしてそれは地球上の生物にとってなにを意味するのかについて、年代順に書き記している。また、今後100年の間に起こりうる気候の大異変がどのように展開するのかも予想している。探検家であり自然保護主義者でもある彼（インディ・ジョーンズのような帽子とブッシュシャツを好んで身に着けている）は、学問研究とフィールドワークを組み合わせ、それに基づいて解決策を導き出す。科学界で尊敬を集める人物だからこそ、海藻を利用した彼の解決策は真剣に注目する価値がある。

この海藻とはケルプ〔コンブ科の大形海藻の総称〕のことだ。急速に成長して繁茂するだけでなく、数十億の人々にとっての主要なたんぱく源にもなる。同様に、海藻は海洋生物にとっても不可欠なものだ。炭素を貯留し、生物多様性を促進し、数千種の生物に生息環境を提供する海藻は、多くの海洋生態系の基盤をなしている。

フラネリーの計画は、もし世界の海洋の9パーセントが海藻で覆われたら世界はどうなるかをモデル化した、サウスパシフィック大学の研究者による分析をアレンジしたものだ。フラネリーいわく、その結果は「途方もなかった」。人間が大気中に放出する炭素排出量を打ち消し、新しいエネルギー源（メタン生成菌などによって消化されたバイオガス）を生み出し、人間と家畜のための食料を育てることが可能だったのだ。

海藻には多くの種類がある。人間が食用にしたり、家畜の飼料として使われたりするものもある。ケルプは数十億ドル規模の世界的なビジネスだ。

フラネリーはマニフェスト形式で記したある著書のなかで、「海藻は非常に速く――陸上の植物の

30倍以上速く――成長する。ケルプは海水の酸性度を下げ、貝殻や甲殻をもつものならなんでも成長を促すため、貝類や甲殻類の生産の鍵をも握る。また海中から二酸化炭素を抜き取ることから、（海は大気からさらに多くの二酸化炭素を吸収できるようになり）気候変動との闘いにも役立つ」と語っている。

ケルプの養殖は海岸の近くでは常時おこなわれており、陸上でも効果的に管理できる場所で実施されている。フラネリーが提案するのは、岸からはるか沖合でのケルプの養殖だ。大海原の真っただ中でのケルプの養殖はこれまでも試みられてきたが、数十億ドルの投資にもかかわらず、悪天候や貧弱な材料、設計などが原因で、無残にも失敗した。しかしより適切な場所、より高度な技術、より復元力のある材料を組み合わせれば、ケルプの養殖はうまくいくとフラネリーは信じている。彼が例に挙げるのは、クライメット・ファンデーションのブライアン・ヴォン・ハーゼン博士が提唱する、ある持続可能な構想だ。それはおそらくカーボンポリマーで製作されることになる最大1平方キロメートルの枠組み構造で、船舶の航行を邪魔しないように、また荒天時に波の影響を受けないように、海面からじゅうぶん（およそ15メートル下）に設置される。その枠組みにはケルプが植えつけられるだけでなく、貝類や甲殻類などのためのコンテナも随所に組み込まれる。網はないが、生息環境を提供することで魚をその場にとどめておくことを基本とした、「放し飼い養殖」のようなものになるだろう。固い付着生物はおそらくロボットで除去することになる。この持続型の海洋水産業の枠組みの下からは、水深200～500メートルに達するパイプが伸びており、そのパイプを通して、ケルプが育つ枠組み全体に栄養豊富な冷たい深層水が供給される。このシステムを動かすのは波力エネルギーだ。

係船ドックや冷蔵システムも、浮遊するケルプの枠組み構造に取りつけられる。ケルプ養殖による解決策には数え切れないほどの試行錯誤が必要だ。そのひとつひとつの過程のなかに、海洋で最も豊富なこの作物を育成し収穫する方法のヒントが隠されている。より多くの養殖場とケルプがあれば、より多くの日陰ができる。海にとっての明るい未来とは、海水温を下げるために、また海洋生物を生き永らえさせるために、海藻で海を暗くすることなのかもしれない。

○成層圏への噴霧○

気候にかんして言えば、世界で最もフランケンシュタイン博士に近い存在かもしれない。眼鏡をかけ、ひげを生やした50代後半の情熱的な科学者からは、そんな印象を受ける。それがジオエンジニアリング界の生けるレジェンドともいうべき、デイビッド・キースだ。このハーバード大学教授の気候科学者は、気候介入の支持者として積極的に発言をおこなっている。テレビのトークショーにスマートなスーツ姿で現れ、人為的な大気の改変について、自らの主張を歯切れよく展開する。講演会では、成層圏にエアロゾルを噴霧して日光の向きを変えるという太陽放射管理をおこなえば、一部の人――多くの人さえも――死ぬ可能性があることに言及しながら、自分の立場を弁明する。

成層圏は私たちが暮らす地表から数えて2番目の大気の層で、およそ20キロメートル上空から始まる。成層圏はオゾン層が存在する場所でもある。

キースは、太陽エネルギーの反射や拡散に最も効果的な物質を探るため、成層圏にさまざまな種類の物質を注入する計画を立てている。それは成層圏制御摂動実験（SCoPEx）と呼ばれる大胆な実験だ。まず、およそ1キログラムのエアロゾル物質と機器一式を載せた気球を飛ばし、地表から20キロメートル余り上空でエアロゾルを放出する。その空気の塊は長さ800メートル以上、幅数十〜数百メートルに広がる。そのエアロゾルの濃度や、エアロゾルとほかの物質との相互作用のしかた、光の散乱のしかたなどを、気球に搭載した機器で測定する、という算段だ。

キースは、氷や硫黄など種類の異なる物質を使って実験をおこない、結果を測定する予定だ。どの物質を使用しても大気のパターンが大きく乱れることはないだろう。ハーバード大学が管理するプロジェクトの記述には、「実験で硫黄分を使用した場合、その量はごく一般的な民間航空機が1分間飛行した際に排出される量よりも少ない。航空機から硫黄分が排出されるのは、航空燃料に残留しているためである」と書かれている。

SCoPExの情報が気候モデルに提供されれば、大規模な太陽放射管理プロジェクトが地球にどんな影響をおよぼすか――どのようなことが致命的な結果をもたらす可能性があるのか――がわかってくるのではないかと期待されている。

今後数年にわたって実施されることになる最初の実験が好結果となれば、引き続きもっと大規模な実験がおこなわれる可能性がある。より広範囲に噴霧するため、気球に代わって航空機が使われることになるだろう。大きな影響が出始めるのはおそらくそのときからだ。地球上の生きとし生けるものが影響を受ける。理想は海洋と大気の温度が下がることだが、すべての地域が同様に影響を受けるわけではない。たとえば極地と赤道付近の地域とでは、気温が受ける影響は異なるだろう。そのためSCoPExは、陸と海の両方でどんなことが起きるのか、またどんな違いが起きるのかについて解明しようとしている。

キースが実験しようとしているものなど、「成層圏エアロゾル注入」と呼ばれる方法は、抜本的な形態のジオエンジニアリングだ。噴霧する物質に硫黄分が含まれているため、事実上、大気中に汚染物質を噴霧することになる。また洋上の雲の白色化と異なり、エアロゾルは大気の低層ではなく高層に注入される。

汚染物質を成層圏に注入することによる健康への影響は、容易に想像がつく。オゾン層を破壊するおそれがあるからだ。地球の「日焼け止め《サンスクリーン》」として知られるオゾン層は、私たちを過度の紫外線から守っている。また、成層圏エアロゾル注入は、雨や雪、つまり降水量を減少させるかもしれない。生物多様性が破壊され、その結果、もっと多くの未知の現象が起こる可能性もある。繰り返すが、SCoPExは、それらの影響を理解するために活用されるのだ。

こうした副作用が発生するのは、おそらく数百万トンのエアロゾルが噴霧されたときだけだろう。キースはこれらのデメリットについて率直に語りつつ、地球の気温を下げて（どのくらい下げるかについては未定）、破滅のシナリオが現実のものとなる可能性を減らすメリットがあることも、冷静に強調する。

つまりＳＣｏＰＥｘは、実験の域を超えるものだ。将来私たちが直面せざるを得なくなる、繊細なバランス技の予行演習なのだ。

第8章 海の健康を取り戻す

グリーンスティック漁

そよ風に葦がなびき、波紋が低湿地の水面に映る沼杉と睡蓮の影を揺らす。サギの群れの暗い影が行き来する。ぬかるんだ岸辺がゆるやかに曲がりくねり、視界から外れた先では、最後の土の塊が湾に打ち寄せる波に崩れて、水面《みなも》の下へと消えていく。この美しい自然は、熱帯雨林やサンゴ礁などあらゆる種類の陸地や海よりも多くの命を維持できる、低湿地帯――生物学的スーパーシステム――のすべてのものが織りなす副産物だ。だから、魚たちがここ〔ミシシッピ川の最下流がメキシコ湾と出会う場所〕にたどり着いて死ぬ、という現実に胸が痛む。

メキシコ湾には、これまでに測定されたなかで最大級の海のデッドゾーンがある。ニュージャージー州の面積に匹敵するそれが、メキシコ湾岸のすぐ沖合に居座り、魚たちから酸素を奪っているのだ。デッドゾーンは生態系を麻痺させ、だらだらと影響を長引かせる。食料供給を妨げ、漁師に被害を与え、生物を順々に殺していく。それは自然の仕業ではない。原因は私たちにある。

強大なミシシッピ川から流出する栄養素による汚染が、メキシコ湾の魚類や沿岸海洋環境にとって有毒な海域を作り出している。アメリカ中西部の農地で使われる合成肥料や下水由来の汚染物質がミシシッピ川に混入し、メキシコ湾へと流れ込むのだ。汚染物質はそこで藻類を大繁殖させ、大量の酸素を取り込んで、魚や海洋環境から酸素を奪う。魚も私たち人間と同じく、生きていくために酸素を必要としている。

アメリカ合衆国は魚の供給量の40パーセントをメキシコ湾に頼っている。だからデッドゾーンがアメリカの食料供給におよぼす影響は相当なものだ。雇用も影響を受ける。魚が減り、漁師の稼ぎも減る。漁獲高の減少はテキサス州、ルイジアナ州、フロリダ州の沿岸部の経済を根底から揺さぶる。

たとえば2010年にBP社の石油掘削施設「ディープウォーター・ホライズン」で起きた、いわゆるメキシコ湾原油流出事故では、数百万リットルの原油が湾に流出し、漁業域の3分の1以上が閉鎖に追い込まれた。地域経済は壊滅的な打撃を受け、失業者は数千人にのぼった。経済はいまだに完全復活には至っていない。たった1度の事故でこれほどの影響が出たのである。

湾内のデッドゾーンは2万3000平方キロメートル近くにおよび、年々拡大する一方だ。すぐに息を吹き返すことはないだろう。酸欠海域が自然に回復するには、1000年かかる可能性がある。科学者がこの問題に介入し、海をよみがえらせる方法を見つけ出そうとしているのはこのためだ。

アメリカ海洋大気庁（NOAA）は、メキシコ湾でグリーンスティックを使った漁を奨励している。この方法は、絶滅危惧種など捕獲するつもりのない獲物を縄に引っかけてしまいかねない商業的なはえ縄漁に代わる手段として、推奨されている。グラスファイバー製の長い引き竿（当初、それが緑色だったため、グリーンスティックという名称になった）を船にまっすぐに立て、その引き竿でフックがついた長い縄を引くのだ。イカのルアーは水面の上をぴょんぴょん飛び跳ね、海面下には沈まない。これがキハダマグロをおびき寄せる。彼らには海面の上を見渡して獲物を探す能力があるからだ。この能力をもたない魚は捕獲されずに守られる。うっかり捕まってしまっても、漁師はすぐに放すことができる。

伝統的なはえ縄漁は、フックにかかったものはなんでも殺す。数千個のフックがついた、数キロメートルにおよぶ幹縄は海中深く沈められ、もうおわかりだと思うが、あらゆる種類の海洋生物を無差別に引っかけてしまう可能性があるのだ。

漁師は漁のプロだ。マグロでもフエダイでもメカジキでも、獲れるものはなんでも獲る。そのため彼らには漁業免許と漁獲割当量という制約が課せられており、獲ってはいけない魚は海に戻さなければならない。はえ縄漁では漁獲が認められていない魚を何トンも引き揚げてしまい、そのぶん漁獲が認められている魚を獲れる可能性が減ってしまう。そのため漁法を絞ることで、実質的な漁獲量の増加が見込めるのではないかと期待されているのだ。その証拠はまだ不確かだが、いくつかの個別の研究によれば、グリーンスティック漁によってターゲット魚種の漁獲量が大幅に増え、なかには80パーセント増加したケースもある。

漁業資源を増やし、より適切に海洋生態系を保全すれば、海洋が本来もっているデッドゾーンに対する防御力――つまり、より多くの生物の命――を、勢いづかせることができる。海洋生態系は、食物連鎖と、それによって発生するごみ、すなわち死骸や排泄物によって、命と健全な環境を支えている。たとえば魚の死骸や排泄物は比較的小さな生物の栄養分となり、小さな生物は当然、より大きな生物の餌となる、といった具合に。これがきちんと機能すれば藻類は自然に取り除かれて酸素豊富な生息環境が生まれ、デッドゾーンの侵入に抗うことができるのだ。

ルイジアナ州ニューオーリンズでは、NOAAのひとりの研究者がグリーンスティック漁の手順や漁獲数を記録するため、メキシコ湾に向かっている。乱獲はとても大きな問題で、それに拍車をかけているのがデッドゾーンと2010年のメキシコ湾原油流出事故だ、と彼女は言う。「ひどい状況ですよ。魚が減ってしまって」。クロマグロはとりわけ数が少ない。漁師に漁法を変えてもらうことで、激減した魚の個体数が増える一助になってほしい、と語る。

海洋生息環境の危機

空港から南へおよそ2時間。ルイジアナ州最南端部は、ミシシッピ川の最下流がメキシコ湾と出会う場所だ。有名なバイユーと呼ばれる低湿地帯が、数キロメートルわたって見渡す限りに広がっている。路面は水面と同じ高さを走る。このミシシッピ川最下流域を汚しているのが、ハリバートン社やコノコフィリップス社などの石油精製所だ。石油精製所は言うまでもなく鉄鋼とコンクリートでできた醜悪な建造物で、それさえなければ手つかずの自然を背景にして姿を現す。高さ50メートル近く、面積数万平方メートルにわたってだらしなく広がるその光景が、脳裏に焼きついて離れない。異様なほど威圧的なのだ。それらは数億ドルという「値札」と、産業振興のために厚かましくも建造されたという「目的」をぷんぷん発散させている。人が想像しうる、最も不自然な怪物だ。

1本の精製塔の先端で炎が燃えている。フレアスタックだ。それはすべての石油精製所でみられる防御メカニズムで、引火による爆発を防ぎ、炭化水素ガスを燃やして二酸化炭素に変えてから大気中に放出するためのものだ。燃焼させないと、大気中に純粋なガスの塊が放出され、はるかに危険になる。フレアスタックが常時点火されているのはそのためである。

そのフレアスタックから2キロメートルほど離れたベニスという小さな港町では、ルイジアナ州野生生物漁業局（ＬＤＷＦ）のふたりの職員が、波止場で魚を調べていた。漁獲割当量をより適切に管理するため、魚の骨と頭と尾を測定し、捕獲した魚の数と種類を判断しているのだという。

漁獲割当量は、商業漁業者に対しフエダイ、ハタ、マグロ、メカジキなどの漁獲量を制限するものだ。魚の個体数を維持するには、制限するよりほかない。そうしなければ、生き延びて産卵する魚が減り、種は次々に絶滅していってしまう。

商業漁業船が港に戻ると、ＬＤＷＦの職員が船長に近づき、サンプルの採取について言葉を交わす。彼らの目から見て漁獲数は問題ない。次々に入港してくる船を相手に、算定は簡単ではなさそうだ。だが州のデータは嘘をつかない。入手可能な最新の数字によれば、2016年の漁獲量は、前年より800トン減少した。

ポーボーイ・サンドイッチ〔ルイジアナ州の伝統的なサンドイッチ。外皮の堅い細長いパンを縦に切り、複数の揚げた小エビなどを挟んだもの〕とビールを手に、クローゲイターズ・バー・アンド・グリルのテラス席に座り、『シーズ・ア・フラットライナー』や『ヒー・キャント・イーブン・ベイト・ア・フック』、『ダート・ロード・ダイアリー』などのカントリーミュージックに耳を傾ける。目に映るのは、暖かなある晴れた日に繰り広げられる、水産業のなんでもない日常のハーモニーだ。船は沖に向かい、波止場に戻ってくる。魚は陸揚げされてセンターへ送られ、選別され、値札がつけられる。自然の恵みが資本に変換される。来る日も来る日も、この光景が繰り返される。これと同じような一連の流れが、世界中のそれぞれの地域でおこなわれている。より大きな問題、衝撃的な事実は、見てとれない。

国連食糧農業機関（FAO）によれば、世界の海洋における漁業資源の90パーセントが「驚くほど」数を減らしている。その主な原因として挙げられているのが、乱獲と気候変動に起因する温かな海水だ。世界人口の増加は、魚を常食とする人が増えていることとあいまって、より多くの需要を生み、その需要を満たすために乱獲が引き起こされている。世界ではおよそ10億人がたんぱく質の主な供給源として、魚を日常的に食べている。また、海水温の上昇は魚の繁殖能力を妨げる。1900年以降、10年ごとの海面水温は上昇の一途をたどっており、ここ30年間の水温の上昇幅は、記録を取り始めて以来、最も大きい。今後もしばらくは継続的な上昇が見込まれている。

　生態学者と経済学者のグループがおこなった海洋生物にかんする包括的な研究によれば、もし現在のペースで消費と海洋環境の悪化が続けば、世界の魚は２０５０年までに消失するとみられる。最近、海の養殖魚の消費量は、天然魚のそれを超えた。別の言い方をすれば、いまでは人間が海洋環境を作り変えて生産した魚のほうが、自然界で生まれ育った魚より多く食べられているということだ。しかし漁業のイノベーションだけでは、海の問題を解決するには不十分だろう。

　世界には数百ものデッドゾーンが存在しており、その総計は１９５０年代以降、数百万平方キロメートル増えている。

　カリフォルニア大学デービス校のある研究によれば、メキシコ湾内などのデッドゾーンが酸素濃度を回復するのには、１０００年かかる可能性がある。研究者たちがおよそ1万２０００年前に終息した最終氷期以降の海底生物について調べたところ、気候変動はきわめて広範囲にわたって海底生態系を攪乱するため、回復に１０００年を要したことがわかったのだ。酸素の欠乏は当時も、現在と同じく問題だった。それは今後、ますます深刻になる。研究者によれば、海水の酸素量は過去50年間に２パーセント減少しており、次の50年間には7パーセントも失われる可能性がある。酸素濃度のわずかな低下でさえ、海洋生息環境にとっては壊滅的なものになりうる。

植物プランクトンとクジラの糞

植物は海中でも、陸上と同じように酸素の生成に大きく関与している。ケルプや植物プランクトン、藻類などの海の植物は光合成——日光と二酸化炭素を酸素に変換するプロセス——をおこない、海洋生物だけでなく私たちにも利益をもたらす。実際、大気中の酸素のおよそ半分は、海の植物が作り出したものだ。

海中で酸素を生み出す微生物——プランクトン——にはさまざまな形態があり、海洋環境が違えば反応も異なる。温かい海、冷たい海、浅い海、深い海、そして局所的な生態系の違いによって、おびただしい数の反応のバリエーションが生まれる。

植物プランクトンは水面近くに浮かぶ小さな単細胞生物で、海洋生物にとっても陸上生物にとっても重要な存在だ。それらは海洋生物の食物連「鎖」における最初の「輪」である。植物プランクトンは死ぬと海底に降り積もり、莫大な炭素貯留層を形成する。もし食べられたとしても、その炭素は当然ながら食物連鎖の次の「輪」へと移行し、捕食した生物の排泄物や死骸となって、海底に溜まっていく。海が地球の温度管理にとって決定的に重要な意味をもつのは、海底にそのような莫大な炭素が眠っているからだ。海に貯留される炭素が減ると、地表より上に残される炭素が多くなって熱を吸収し、気温が上昇してしまう。それは繊細なバランス技なのだ。

光合成によって炭素を取り込む植物プランクトンは、動物プランクトンに食べられる。動物プランクトンは、前章で述べたように、サンゴや多くの魚種に捕食される。そしてこれらの魚はより大きな魚に食べられる、という連鎖が続いていく。しかし植物プランクトンは死に絶えつつある。複数の海洋研究によると、1950年以降、海中の植物プランクトンの実に40パーセントが死んでしまった。その年にピンときただろうか。そう、デッドゾーンの拡大の話に出てきた年だ。さまざまな要因のなかでもとりわけ汚染と海水温の上昇は、植物プランクトンの大幅な減少を引き起こしている。植物プランクトンが海洋生物の食物連鎖の最底辺に位置することを考えれば、その上位にいるあらゆる生物も被害を受けるのは当然で、実際、あらゆる大きさの魚が食料のサプライチェーンから失われつつある。それは、クジラの糞とサハラ砂漠の重要性を指摘する。おっと、書き間違いではない。両者に高濃度の鉄が含まれていることを知れば、クジラの糞と砂漠の砂との間にある興味深い一貫性に合点がいく。そして植物プランクトンの成長には鉄が必要なのである。アフリカのサハラ砂漠から吹く砂嵐は大西洋に大量の砂を投下し、それが植物プランクトンの成長を促している。砂塵はアマゾン川流域にまで達し、陸上の植物も養っている。クジラは大量殺戮される以前は、おそらく植物プランクトンの成長や繁茂を促していた。一説によれば、クジラの排泄物は南極海の海水面の鉄の12パーセントに貢献していた。

植物プランクトンが自然に繁茂する力は、人間の妨害によって削がれている。妨害は明らかに商業捕鯨のせいだけではない。なにしろ捕鯨業界の全盛期は1800年代半ばだ。むしろ、大量のプラスチックや窒素による汚染と海水温の上昇が、植物プランクトンの生存を脅かしているのだ。

世界には4つの主要な酸欠海域がある。グアテマラ沿岸沖の東部太平洋赤道域、オーストラリア付近の南極海、インド洋のベンガル湾、そしてすでに論じたアラビア海だ。さらに現在、メキシコ湾や北太平洋亜寒帯域（特に太平洋北東部）など、思いがけない場所にもデッドゾーンはある。

理論的には、太平洋北東部のデッドゾーンは存在しえない。多くの湧昇流のおかげで海底の微量栄養素が海面まで循環し、海面を漂う植物プランクトンを養う栄養豊富な海域だからだ（湧昇流は霧も生み出す。北アメリカ太平洋岸北西部で、夏に霧が非常に多いのはそのためだ）。

太平洋北東部の異常なデッドゾーンは、カリフォルニア州にあるモスランディング海洋研究所の科学者ジョン・マーティンをひどく悩ませた。彼は思い悩んだ末、1980年代後半にその海域で実験をおこなうことにした。そこが深刻な鉄不足であることに気づいたからだ。専門的にはこれは「HNLC《イチエヌエルシー》海域（HNLCとはhigh-nutrient, low-chlorophyll（高栄養・低葉緑素）の意味で、栄養塩が豊富にもかかわらず、植物プランクトン生物量が比較的低い状態の海域）」と定義される。優れた医師なら鉄不足の患者におそらく処方するのと同じように、マーティンは海の食事に鉄をもっと添加することを提唱した。彼はその結果を確かめるため、小規模な実験をおこなったのだ。

マーティンは、1988年1月の『ネイチャー』誌の論文で、植物プランクトンが鉄の添加量に比例して増加した、と述べた。その実験は海の治療法としての彼の仮説を証明するには不十分なものだったが、まだ始まったばかりである。それでも海洋科学界は、彼にやめろと懇願した。鉄という添加物を使って海を作り変えようとしていることに、彼らは仰天したのだ。海に鉄粉を散布したいというマーティンの思いは激しく非難された。しかしその非難は彼を焚きつけただけだった。

「ジョン・マーティンは、太平洋赤道域のガラパゴス諸島付近にあるHNLC海域の一端を肥沃化させ、最初の実験を再確認する計画を立てていた。もし鉄散布によって植物プランクトンが急増すれば、彼の仮説は正しいことになる。だが1991年にマーティンは背中の痛みを感じ始めた。検査の結果、前立腺がんが見つかり、ほかの部位にも転移していることがわかった。その後2年にわたり、彼は化学療法と放射線治療を受けた」とNASAのオンライン出版物『アース・オブザーバトリー』は彼を追悼した。マーティンは1993年に逝去した。しかし実験は継続し、同年、彼のグループの科学者たちがガラパゴス諸島での実験をやり遂げて、植物プランクトンが急増したことを確認した。

それでも海洋科学界は、実験の正当性をほとんど受け入れることができなかった。理由はその複雑さだ。マーティンの同僚のひとりがおこなった別の実験では、ある種の植物プランクトンが、最初の実験とは異なる反応を示したのだ。炭素の吸収量もプランクトンの数も、最初の実験より少なかった。実際、さらなる実験により、鉄散布によって危険な植物プランクトンが発生する可能性すらあることが明らかになった。それは、魚にとって危険な毒素を産生し、貝類を食べた人に食中毒を引き起こす「赤潮」つまり藻類ブルーム（大繁殖）をもたらす種類のプランクトンだ。

しかしなかには、マーティンの仮説のポジティブな可能性に衝撃を受けた人もいた。起業家がそこに見出したのは、鉄散布による潜在的な利益だ。マーティンの実験は、海に鉄を1トン散布するごとに、大気中から11万トンもの炭素を除去できる可能性を示した。海洋肥沃化がうまくいき、それに関連したカーボン（炭素）の「オフセット」や取引制度が創設されれば、大きな利益を上げられるだろう。

カーボンオフセットとは、汚染者が排出量を埋め合わせるために「クレジット（排出権）」を購入できる仕組みだ。そのクレジットは、簡単な例で言えば、木を植える（ことによって炭素を貯留している）団体から購入できる。クレジットを取引することも可能だ。これは、過剰な排出に対して課税される可能性のある汚染者や、政府や条約が定めた排出量の上限を守らなければならない汚染者を思いとどまらせながら、環境に配慮した行動を促そうとするものだ。

海洋では植物プランクトンが炭素を隔離する。しかし炭素の取引、ひいては炭素の回収プログラムは、期待されたほど盛んにはなっていない。誰も炭素の安定した統一価格を算定できないため、どのくらいの利益になるのかつかめないのだ。加えて政治も影響する。アメリカ合衆国の場合、連邦政府は炭素排出量の削減を奨励していない。

太平洋に大量投入された鉄

しかし、そんな暗い商業的見通しも、鉄散布に対する海洋科学界からのあからさまな批判も、ひとりの起業家の意欲をくじかせはしなかった。2012年、環境研究者および環境起業家を自称するラス・ジョージは、ブリティッシュコロンビア州の海岸に100トンの鉄粉をトラックで運び、それを漁船に積み込んで、海岸からおよそ320キロメートル沖合の太平洋に大量投入したのだ。環境保護

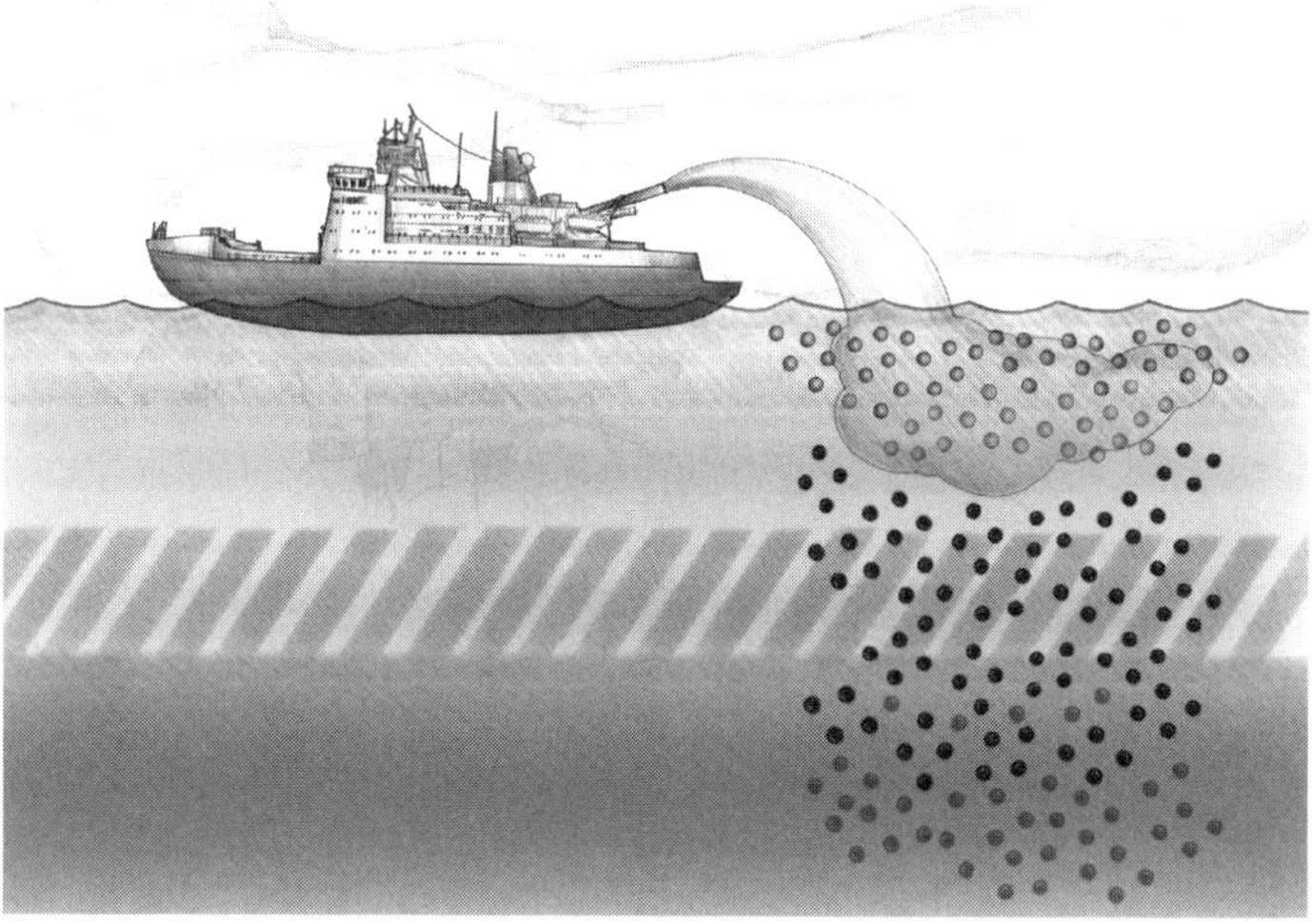

海洋への鉄散布

論者は激怒した。海洋ジオエンジニアリングにかかわる国際的な規制の枠組みに反する不法投棄だとして、ジョージを非難したのだ。ところが、どうなったと思う？　彼の行為は功を奏した。海は魚や海洋生物が群れをなし、息を吹き返したのである。

「２０１２年のプロジェクトの目的は、ピンクサーモン（カラフトマス）の稚魚が泳ぐ海域に餌を撒くことだったのさ。そうすれば大半の稚魚は飢えることなく、ご馳走でもてなされて生き残り、翌２０１３年の秋に生まれた川に戻ってくる。ピンクサーモンの大半を水揚げするアラスカでは、５０００～５２００万匹の漁獲が予想されていた。予想がプラスマイナス５パーセントを超えて外れることはないんだ。ところが実際の漁獲量は、５０００～５２００万匹どころじゃなかった。水揚げしたピンクサーモンの受け入れ場所がなくなって、2億2600万匹で漁を止めざるを得なかったよ」とジョージは語る。

確かにアラスカ州魚類・猟鳥獣局は、そのシーズンの漁獲高が記録的であったことを認めている。しかしマーティンを攻撃したのと同じような海洋科学界からの逆風が、ジョージの身にさらに猛烈に吹きつけた。

「2013年のイースターの1週間前のことだった。バンクーバーの中心部にある研究所で、うちのチームの若手が顕微鏡をのぞき込んだり、プランクトンのサンプルを確認したり、電子データを高速処理したりしていたとき、完全武装したカナダ政府の特別機動隊（SWAT）のメンバー12人が突然押し入ってきた。そしてこの身に銃を突きつけて12時間にわたり床の上で拘束し、その間、やつらは研究所を物色して、われわれのデータ処理能力を破壊したんだ」とジョージは主張する。そして、鉄散布の合法化を阻止するための大掛かりな陰謀が企てられている、と語る。彼いわく、海洋科学界が鉄散布に貼りつけた「鉄による肥沃化」というレッテルにさえ、非難や皮肉の意味が込められている。それは、すでに述べたように、海洋生物にとってきわめて有害でデッドゾーン形成の主因でもある、合成肥料の否定的なイメージを連想させるからだ。

オフィスの襲撃によって「われわれは破壊された。誰もが望んでいたあらゆる疑問を解消する、あらゆる疑問に答えるはずのデータをもっていたのに」と彼は語る。たとえば彼の研究は、海洋への鉄散布によって大気中から除去される炭素量を、正確に突き止めていたという。

さてここからは、ジョージにかんする「警告」と「率直さ」について、述べていこう。ブリティッシュコロンビア州で彼とピンクサーモンの回復プロジェクトを協働した先住民族のハイダ族は、2013年に彼をプロジェクトの役員から解任した。彼らは裁判所に提出した文書のなかで、ジョージは任務遂行に必要な資格や業績を偽り、自身の研究についても虚偽や誤解を招く主張をした、と述べた。この話を持ち出すと、彼は少しおどけたような様子をみせた。だが60代後半のこの男は、自分のバックグラウンドと、ハイダ族とおこなった実験に至るまでのいきさつを、率直に語り始めた。

彼がマーティンの実験について友人から聞いたのは、1980年代にカリフォルニア州のパロアルトの研究所で生態学者として働いていたときのことだった。それは彼の興味をかき立てた。その後、カナダで植林による炭素隔離プロジェクトに取り組んでいたとき、植物プランクトンにかんするマーティンの発見を思い出し、炭素を貯留するには植林より海をよみがえらせるほうがはるかに効率的かもしれないと気づいた。そんなとき、同じ港に船を停泊させていたロックスターのニール・ヤングが、太平洋で実験をおこなうために全長30メートルのヨットを貸してくれたのだ、と彼は主張する（この話を支持する報告はたくさんあり、ジョージがヤングのスクーナー船、W・N・ラグランド号に乗っている、ぼやけたユーチューブの動画さえ存在する）。

ジョージによれば、2002年6月の実験は成功した。「2003年1月、その年最初の『ネイチャー』誌が刊行され、〝ジ・オレスマン（漕ぎ手）〟という特集記事で取り上げられた」と彼は言う。それは本当のことだ。記事は彼の戦術と行動の呼びかけについて伝えていた。それを彼は繰り返す。「聞いてくれ、地球を救うのはすごく簡単だ。海の健康と生産性を以前の水準に戻せばいい。そうすれば、海はかつてそうだったように、大半の二酸化炭素をやすやすと処理する。しかも格安ときてる。ロケット科学も、5000億ドルの研究費も要らない。125年前の木造のスクーナー船があればできる。海の健康を取り戻す技術としては、とてつもなく実践的だ。そうだろう？　おまけに大気中から二酸化炭素を取り出すこともできるんだ」

問題は、彼いわく、誰もそれに関心を寄せないことだ。その代わりに「アマゾンの熱帯雨林の20パーセントが破壊されてしまった、ということには誰もが気に掛ける」。ジョージの考えでは、それは結局のところ、一般の人々が海と分断されているためだ。

鉄散布は比較的単純なプロセスだ。鉄粉はありふれた工業材料で、主要なホームセンターならほぼ入手できる。重要なのは粒子の大きさで、風に吹き飛ばされない程度にじゅうぶん大きく、比較的速く海に溶け込む程度にじゅうぶん小さくなければならない。ジョージは実験で、50ポンド（約23キログラム）の袋入りの赤鉄鉱——地球上で知られているもののなかで最古の酸化鉄——を使用した。Amazonでも購入できる。

鉄粉を船に乗せ、デッドゾーン海域に着いたら、芝生に肥料を施すようにただ撒けばよい。実際、芝生に肥料を散布する装置を船体に設置すれば、鉄粉の散布にも同様に使うことができる。鉄粉は沈降し、その後は自然が引き継ぐ。プランクトンが貪り食うということだ。

ドイツのブレーマーハーフェンにあるアルフレッド・ウェゲナー極地海洋研究所の海洋生物学者、ウルフ・リーベセルは、『ネイチャー』誌のジョージにかんする記事のなかで、「鉄による肥沃化は、その次に安上がりな方法である植林と比べ、10分の1～100分の1も安価だ」と語っている。しかし、植物プランクトンについての科学的知見が不十分なため、「どんな副作用が起きるのかがわかりづらい」と付け加えている。

そしてまさにこの『ネイチャー』誌の記事が、ハイダ族――ハイダ・グアイと呼ばれるカナダのブリティッシュコロンビア州沿岸の群島を生活の拠りどころとし、食料と経済の大半を漁労に頼っている先住民族――の手に渡ったのである。

オールド・マセットという集落で暮らすハイダ族は、2008年にアリューシャン列島付近で火山が噴火した後、通常より多くの漁獲に恵まれた。噴火による塵が彼らの漁場にまき散らされていたのだ。この集落の人々は、ジョージの実験は噴火の恩恵を人工的に再現する機会になる、と考えた。ジョージが呼ばれ、まもなく実験が始まった（ジョージはそれより前の2007年と2008年に別の実験を試みたが、反捕鯨で有名な環境活動家ポール・ワトソン船長によって阻止されている）。

2012年の実験については、押収されたあらゆる資料が当局にチェックされたとジョージは言う。しかし、なにが最終的にバンクーバーのジョージの研究所の襲撃につながったのかという事実関係については、現在係争中だ。

ジョージはその「成功した」実験をさっさとやったことも、その余波についても、国連や商業関係者、そして鉄散布によって炭素排出の問題が世界中で解決したら研究費がカットされると恐れる研究助成費に依存する学者のせいだとしている。本稿執筆の時点では、ジョージはロンドンに住み、鉄散布による解決策を他国に売却しようとしていた。

彼の大きなビジョンは、少ない漁業資源と沿岸のデッドゾーンに苦しむ国々が、鉄粉を運ぶ船団を海に送り、それを大量散布できるようにすることだ。もちろん海域は特定され、散布は詳細に記録される。そうすることで、魚の個体数と炭素管理をより適切に把握できる。

批判者たちが指摘する鉄散布、つまり肥沃化のマイナス面のひとつは、海洋における毒素――危険な種類の藻類や赤潮――の生成だ。また、雲のでき方に影響を与える可能性もある。オゾン層の破壊も起こるかもしれない。海洋はあらゆる種類の気象現象と密接に関連しているからだ。

科学や環境の世界では鉄散布に対する反対意見があまりにも多く、広範囲に受け入れられる可能性はわずかに思える。しかしある種の迅速な解決策がなければ、海は死にゆく運命だ。ますます多くのデッドゾーンが、必ずや姿を現すだろう。

* * *

○海の心肺蘇生術○

酸欠海域に酸素を送り込むのだから、それは明快な解決策に思える。実行すれば、富栄養化――ある水域で栄養素が増えて植物プランクトンが大繁殖し、酸素を使い果たすこと――を打ち消せると、スウェーデンの科学者は考えている。

バルト海深海酸素プロジェクト（ＢＯＸ）は、酸素豊富な表層の海水を、大規模なポンプ装置で深海域へ送り込むという計画だ。そこで表層水は下水処理場や農業排水、工場廃水に由来するリンと結合する。この新鮮で酸素豊富な混合水は富栄養化を軽減させ、ラン藻類の巨大なブルーム、つまりデッドゾーンを抑え込む。

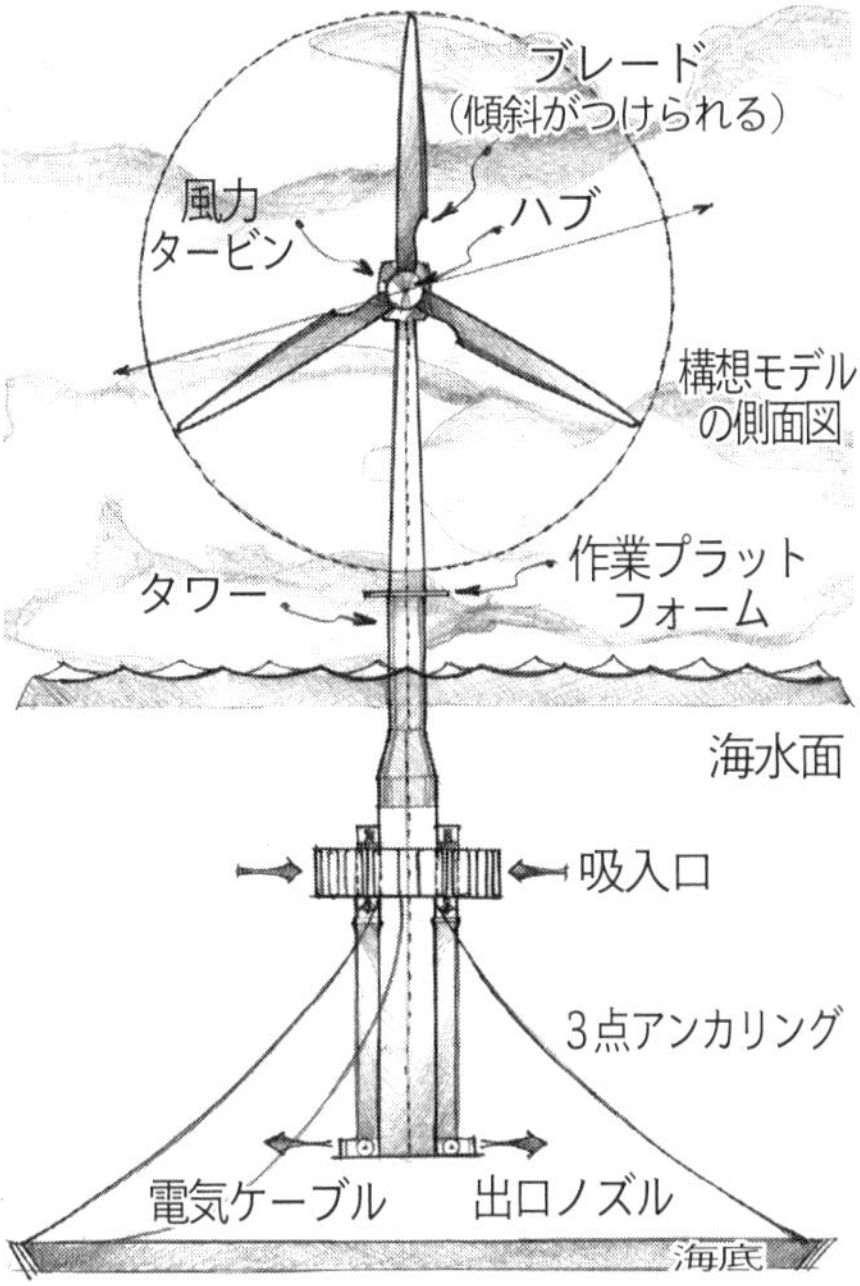

バルト海深海酸素プロジェクト

このプロジェクトは、巨大なデッドゾーンが存在するバルト海で始まった。

スウェーデンの科学者たちは、バルト海をよみがえらせる方法を探るに当たり、まずはフィヨルドで小規模な実験をおこなった。その実験の成功を受け、スウェーデン政府は、15年以内にバルト海の完全復活を目指すこの野心的なプロジェクトを支援している。

バルト海は、スウェーデン、フ

インランド、ロシア、エストニア、ラトビア、リトアニア、ポーランド、ドイツ、デンマークに囲まれた閉鎖性海域だ。そのため汽水〔海水と淡水の混合による低塩分の水〕で知られ、大西洋などの大きな海域との水の交換が少ないことから、汚染物質はなかなか流出していかない。

BOXではその名が示すとおり、深海に酸素を送り込むポンプを備えた、海上の風力タービン装置を用いる。酸欠海域を浄化するにはこれが最も期待できる方法だと科学者は信じている。

ほかにも化学物質を使ってリンを海底堆積物に結合させ、デッドゾーンの拡大を阻止する方法や、堆積物自体を浚渫《しゅんせつ》してリンを分散させる方法も提案されてはいる。しかし、酸素を送り込む案がどうやら圧倒的に優れているようだ。

それでもBOXを批判する人はいる。深海をジオエンジニアリングすれば、必死に適応しようとしている海洋生物を邪魔し、さらに傷つけるおそれがある。送り込まれた新しい水が深海の温度を上昇させ、意図とは逆の働きをしてデッドゾーンを拡大させるかもしれない。しかし最大の批判は、BOXは富栄養化の原因ではなく、症状に対処しているだけだというものだ。究極の解決策は汚染を減らすことであり、それは試みられてきた。だがなお、藻類ブルームは拡大する一方なのだ。BOXは、なにもやらないよりはましという程度の応急処置かもしれない。でももしこのまま汚染を阻止できなければ、やがてバルト海の大半は実質的に命を失ってしまう可能性がある。

BOXでは、100基の海上プラットフォームを、デッドゾーン上やその付近に戦略的に配置する必要がある。海上の景観はきっと変わるだろう。しかしその程度のことは、すでに海中で起きている被害を考えれば、大した代償ではないのかもしれない。

○一石二鳥の妙案○

カリフォルニア州のスタンフォード大学の研究者たちは、海のデッドゾーンを一掃すると同時に、そのごみをエネルギーに変える方法を考案した。どうやら一石二鳥の妙案だ。そのアイデアの生みの親は、海洋生物にとって重大な危険要因である窒素が、ロケット燃料の主成分であることを知るロケット科学者だ。

仕組みはこうだ。デッドゾーンの汚水をすくい取ってタンクに入れる。タンクのなかでは、バクテリアが汚水をアンモニアへと分解する。アンモニアには窒素が含まれている。反応器へと送られたアンモニアは、注入された酸素と反応して亜酸化窒素を生成する。亜酸化窒素（笑気ガスとも呼ばれる）は温室効果ガスだが、燃料――ロケット燃料――として燃焼させることができるのだ。

生成されたロケット燃料は、この「デッドゾーン浄化システム」全体に電力を供給しつつ、その新しい巨大な再生可能エネルギー源から再び原料を採取する。このようにして自己発電を続けるわけだ。

カリフォルニア州北部の汚水処理施設でおこなった、デッドゾーン浄化システムのパイロット試験が成功したことで、このプロセスが実験室の環境の外でも機能することが証明された。しかし、意味のある規模にまで拡大させることが課題だ。

富栄養化に苦しむ海域は世界におよそ400か所あり、その面積は推定26万平方キロメートルにおよぶ。それだけの海水があれば、途方もない量のロケット燃料が作れるだろう。しかしそれをすべて浄化するのは不可能なため、陸上の汚水処理施設に狙いが定められている。ほぼすべての下水システムの最後には汚水処理施設があり、水を環境へと返す前に有害な汚染物質を除去しているからだ。つまり沿岸の施設で集められた汚染物質を、海に流さず燃料に変換するということだ。そのこと自体が海をよみがえらせる助けとなる。そもそも、デッドゾーンを発生させる一因となっているのは、汚水処理施設から排出される窒素(とほかの毒素)なのだ。

第9章 海面上昇から守られる街へ

世界七大驚異のひとつ

地球上で最も洪水に脆弱な場所を正確に突き止めるのは、容易なことではない。洪水はきわめて一般的な自然災害で、暴風雪や竜巻や台風といったほかのどんな種類の気象現象よりも、多くの被害を毎年地球にもたらしている。世界各地で数十億ドルの損害を与え、数百万人に影響をおよぼし、ほぼどんな場所でも——砂漠でさえも——発生する可能性がある。気候変動によって増加の一途をたどる洪水のリスクを減らすことができなければ、洪水は主要な人口密集地域を危険にさらし、世界経済に年間1兆ドル以上の損害を与えると予測されている。

複数の試算によれば、洪水のリスクが最も高いのは、香港から北西に車で2時間ほどのところにある中国の主要な商業中心地、広州だ。そこで洪水が起きれば、巨額の経済損失が発生し、１５００万人近くの住民の多くが災害弱者となる可能性がある。また別の試算によれば、インドでは沿岸部と河川の洪水があいまって、コルカタなどのベンガル湾沿岸の都市——ベンガル湾とヒマラヤ山脈との間に押し込まれた場所——が最も危険にさらされる。ワールドアトラス社は、南アメリカの小国スリナムが、海抜が非常に低くインフラも脆弱なため、人口のほぼすべてが洪水に飲み込まれる可能性があると指摘する。しかし、海抜2メートルに満たない1000を超す島々で構成されるモルディブの政府に尋ねてみれば、危険にさらされているのは自分たちのほうだと言うだろう。インド洋の波間に消え失せるかもしれないという不安の証として、モルディブ政府は水中閣僚会議を開き、その恐怖を強調してみせた。

それでも、洪水地帯に住む人口の割合と純粋な歴史的関連性から判断すれば、文字どおり「低い土地（ネーデルランド）」という意味をもつオランダは、何世紀もの間、決壊の問題とともに生きてきた国として突出した存在だ。国民の半数が、洪水の危険と隣り合わせで暮らしているのだ。オランダは最低標高地点が海抜下7メートル（公式には海抜下6・74メートル）——デンマークと並ぶ西ヨーロッパの最低標高地点——に達し、広範囲で地盤沈下に見舞われている。無理もない。オランダの多くの土地はかつて海だったのだから。堤防がなければ、これらの干拓地は海に飲まれてしまうだろう。それがこの国の陸地と、潮が満ち引きする海との関係だ。詩人のウォルト・ホイットマンの言葉を借りれば、堤防は年老いた猛母のように土地を守り、堅固ではないものに形を与えているのだ。

オランダは大昔から、壮大な土木工事によって海の浸入をなんとか押しとどめてきた。オランダ最古の堤防は、2000年前に修道士が芝を使って造ったものだ。最初期の堤防は耕作地を守るために造られ、その後、人々は土を盛って小高い丘を造り、その上で暮らすようになった。オランダ北部では、やがて複数の集落が堤防を連結させた。これが全長120キロメートルにおよぶ、西フリースラント円提である。今日でも堅固にそこに立つ、驚くべき構造物だ。

15世紀ごろには風車が普及し、湿地から水を汲み出すのに使われるようになった（これにより、「オランダと言えば風車」という有名な関連性が生まれた）。しかしオランダで水路の建設や維持と、水の管理が本格的に始まったのは、社会基盤と環境にかかわる省庁が創設された18世紀後半になってからのことだ。

20世紀の技術はオランダにまた新たな幕開けをもたらした。農地を守り、水管理を改善するため、1918年に北海を遮断する締切堤防を建設するという大規模な公共事業計画が始まったのだ。土木技師たちは、水路を浚渫し、水の流入口をせき止め、土地から水を抜くその一連の水工学プロジェクトによって、一部の人が「現代の世界七大驚異のひとつ」とみなすものを造り上げた。

しかしいま、新たな懸念が浮上している――閘門や堤防のシステムが機能しなくなるという、21世紀の懸念だ。一般的にオランダの土木技師は、200年先を見越して設計する。しかし異常気象と海面上昇のせいで、過去の計画にひずみが生じているのだ。今後数十年のうちに洪水関連の被害が発生するリスクはいまや倍増しており、オランダの水当局はそれに狼狽しているとまではいかなくても、危機感を抱いている。

地球の気温が上昇するにつれ、より多くの水分が大気中に取り込まれる（温かい空気は冷たい空気よりも多くの水分を保持できるため）。その余分な水分が嵐に揺すられて大量の雨となって降り、地面が吸収しきれないと、洪水が起こる。つまり、すでに地面に水分がたっぷり含まれたオランダのような地勢では、洪水はより発生しやすいのだ。海面上昇は海岸浸食も引き起こす。海水温の上昇によって海水の体積が膨張するうえ、氷河の融解によって海水の量も増えることから、海面上昇は避けられない。２０５０年までに海面は5〜30センチメートル上昇する可能性があるが、これは最も控えめな推定値だ。高い推定値だと、２１００年までに2メートル40センチ上昇すると警告されている。国土の大半が海面下にある国にとって、それは海に飲み込まれることを意味する。海面が2.5センチメートル上昇するごとに海岸はおよそ3メートル失われ、洪水の可能性は激増する。発生頻度は従来の１００倍にもなりうるのだ。

極端な洪水の発生は、すでに明らかになりつつある。毎年世界各地で１００年、５００年、あるいは１０００年規模の洪水が以前よりも多く発生するようになり、地質学者が従来おこなってきた洪水の算定や予測の方法では太刀打ちできなくなっている。あまりにもその度合いが大きいので、オランダ政府は水からの防御を強化するため、２０３２年まで毎年15億ドルを投じることを決定した。

でもそれでは不十分かもしれない。

アムステルダムからおよそ30キロメートル西に位置するアルメレの水辺に立ち、入り江を一望して曇天を見上げてみれば、ひょっとすると『銀のスケート――ハンス・ブリンカーの物語』（岩波少年文庫）に登場するオランダの少年——ご存じかもしれないが、堤防の穴をその指でふさぎ、国土を水没から救った少年——と同じ気持ちになるかもしれない。アルメレはオランダで最も新しい町だ。50年前に入り江を干拓して計画的に造られたこのコミュニティに、いまでは20万人以上が暮らす。その地勢は奇妙だ。小さな運河が集合住宅地のなかを通り抜けたり、道路の下を行ったり来たりする。小さな橋もたくさんある。湿地の草が、きわめてモダンな外観の住宅や奇抜な高層商業ビルのすぐそばにまで、せまっている。広場は少し風変りな水路や池と直接つながっており、土地はあちらこちらでいきなり途切れたり、鋭く弧を描いたりする。なんだかしっくりこない。確たる感じがしないのだ。

たとえ気候変動の先触れがなくても、オランダはそもそも脆弱な土地だ。気候のひと押しが加われば、惨禍は当たり前の現実となる。この国がどんな被害を受ける可能性があるのか、実例を見つけるのにたいして時間をさかのぼる必要はない。

２０１７年、たった1回の雨季でバングラデシュの3分の1もが浸水した。住宅や商業施設、農地が押し流され、４１００万人が影響を受け、１２００人が死亡した。同じころ、ハリケーン・ハービーがアメリカ合衆国に襲いかかり、テキサス州とルイジアナ州に記録的な降雨と大規模な洪水をもたらした。犠牲者は82人、被害額は１２５０億ドルにのぼり、30万棟の建物と50万台の車両が水没した。２０１８年、記録的な降雨と洪水がアルゼンチンとチリを襲った。同年、ソマリアは前例のない降雨に見舞われ、17万５０００人が住む家を失った。

みなさんが本書を手に取るころまでには、さらに多くの大災害が発生しているかもしれない。それらは孤立した現象ではない。ひとつのパターンの一部だ。そしてそれこそが、オランダを瀬戸際に追い詰めているものである。沿岸部で大規模な洪水災害が1度でも発生すれば、オランダの多くの土地は消し去られてしまう可能性があるのだ。

ヨーロッパの科学者が洪水のリスクについて調べた2018年1月の研究は、大陸全体に警鐘を鳴らした。それによれば、気温が産業革命前の水準よりわずか1.5度上昇するという最も楽観的なシナリオでも、中央および西ヨーロッパの大半の国では、地球温暖化によって洪水の危険性が大幅に増えることがわかったのだ。実際の気温上昇は、その推定値の2倍を超える可能性がある。

1995年~2015年の20年間で、世界人口のおよそ3分の1に相当する23億人が洪水の影響を受け、被害額は数兆ドルにのぼった。

壊滅的な打撃

事態が少しずつ悪化していくのを想像するのは容易ではない。だが土木技師と建築家は報酬を得て、最悪のシナリオを想定している。洪水がしばしば統計値として表されるのはこのためだ。私たちはよく100年、500年、あるいは1000年規模の洪水という統計値を耳にする。これらの数字は、そのような洪水が100年に1度、500年に1度、あるいは1000年に1度起きる、という意味ではない。それが意味するのは、1年の間にそのような洪水が100回、500回、あるいは

1000回に1回起きる可能性がある、ということだ。すべては確率なのだ。そしてオランダの土木技師と建築家は、彼らが直面している確率を好ましく思っていない。

「数十年で最悪の洪水」と称された一連の出来事は、2016年に「100年で最悪の洪水」と呼ばれる現象が起こるまで、立て続けにヨーロッパを襲った。どうやら「最悪」は、毎年新しい意味を帯びるようだ。その大規模な洪水――聖書に登場するような大洪水――を漫然と待ち、備えもせずにそれに飲み込まれることは、誰も望んでいない。

聖書では、ノアの箱舟はそのような大洪水に耐えられるように建造された。そしてあらゆる種類の生き物が――もし聖書の物語を信じるのなら――世界を一変させる大洪水の破壊から逃れるために、箱舟に乗ることを余儀なくされた。

科学的に言えば、大洪水は実際、旧石器時代に定期的に発生していた。

旧石器時代は200万年前~紀元前1万年前まで続いた。科学者はこの時代、長期の干ばつの後に大洪水が起きていたことを突き止めた。世界各地に水蒸気を運ぶ目に見えない上空の流れ――大気の川――が、天の底が抜けたような豪雨を降らせ、地上を水浸しにしていたのだ。気候学者によれば、こうした巨大洪水はおよそ200年ごとに発生していた。彼らはこのようなパターンが再び始まる可能性があると考えている。

1861年の年の瀬に発生した大洪水は、カリフォルニア州の一部を長さ480キロメートルの海に変えた。2か月近く降り続いた豪雨によって、州都サクラメントは深さ3メートルの水に没し、乾燥地だったセントラル・バレーに幅32キロメートルの湖が出現したのだ。泥流はコミュニティを飲み込み、住宅の8分の1が破壊された。洪水は州の大半に壊滅的な被害をおよぼした。およそ200年ごとの発生パターンが本当に始まるとすれば、次の大洪水がそろそろ起きてもおかしくないのかもしれない。

洪水や干ばつなどの状況を追跡している政府機関、アメリカ地質調査所（USGS）は、その不可避の大洪水を「アークストーム（ARkStorm）」と名づけた。聖書のノアの箱舟《アーク》（Noah's Ark）の物語に由来する名であることは明らかだ。しかしその頭字語には隠された意味がある。「AR」とは、大気の川（atmospheric river）を、「k」は「1000年」に1度レベルの現象であることを表している。そしてstormとはもちろん暴風雨という意味だ。

アークストームは、カリフォルニアの「もうひとつのビッグワン（大きいやつ）」と呼ばれている。「ビッグワン」とは、サンアンドレアス断層で発生し、カリフォルニアを前例のない規模で――ひょっとすると大陸棚との間にひびが入るほど――揺さぶると予想される巨大地震のことだ。USGSはアークストームの危険なシナリオを専門に扱うウェブサイト上で、「カリフォルニアを襲うこの猛烈な冬の嵐は実際に、数千平方キロメートルにおよぶ市街地や農地を水没させ、数千か所で地滑りを引き起こし、数日間〜数週間にわたって州全域のライフラインを混乱させ、推定7250億ドルにのぼる被害を出す可能性がある。この数値は、年間発生確率がアークストームとほぼ同じ〝シェイクアウト〟と呼ばれる地震のシナリオの3倍を超える」と主張している。アークストームが起きれば、およそ150万人が避難を余儀なくされるだろう。ちなみにシェイクアウトとは、巨大地震ビッグワンに関連する破壊のシナリオのことだ。

アークストームがアメリカ西海岸にとって、壊滅的な打撃となるのは明らかだ。しかし世界のほかの地域における大洪水の可能性についてはどうだろうか?

さまざまな報告によれば、ごく近い将来、ニューヨークでは5年ごとに大洪水に見舞われ、パリでは洪水の回数が倍増し、アジア、アフリカ、南アメリカ、中央ヨーロッパでは完全に水没する場所が出てくる。

洪水にはさまざまな種類があり、そのほぼすべてが気候変動によって、規模の点で深刻化すると予想されている。河川から生じる洪水は、通常、過剰な雨や融雪によって、またアイスジャム〔河川の狭い部分に引っかかり流路を妨げる砕氷〕が川の流れを押し戻し、流路から水があふれ出すことによって発生する。沿岸部の洪水は、風が満ち潮を岸へと吹きつけることによって起こる。また低気圧がもたらす高潮も、沿岸部を浸水させる。内陸部の洪水は、地面の吸水が追いつかないほど激しい雨が降ると起きる。ものの数分で発生しうる鉄砲水もあれば、数日かけてじわじわと広がっていく洪水もある。ひょっとすると数百万年間、降雨がないと伝わる南極のマクマードドライバレー以外、洪水から本当に安全な場所はないのかもしれない。

オランダの最低標高地点は、路上の凹みに過ぎないように見える。そのとおり、ロッテルダム近郊を走る幹線道路A20号線の脇にある、海抜下7メートルの場所だ。車を運転していると、平坦な地面まで上がってきてみて初めて自分が海面下にいたことに気づく。運河の水面は路面と同じ高さにある。そこは洪水の脅威とも海面上昇の恐怖とも、まさに隣り合わせの土地だ。

オランダは水路や島や橋、そして堤防や護岸が、延々と連なる国だ。およそ6500キロメートルもの曲がりくねった運河が、ニュージャージー州の2倍に満たないこの小さな国のなかを通り抜け、84の閘門と278の橋が人や貨物を滞りなく移動させ続けている。自転車は主要な交通手段だが、水はいたるところにあり、視界の外に消えることはほとんどない。

オランダの最低標高地点は、ザイトプラスポルダーにある。ポルダーとは干拓地のことだ。そこには洪水と海面上昇が脅威である、という事実と矛盾するものはない。水は路上に染み出す。湿地や沼はポルダーを取り囲む。その水はいずれ、少なくとも片側にある北海へと排出されていく。最低標高地点には巨大な定規の形をしたモニュメントがあり、環状の運河には風変わりな跳ね橋が架かっている。

オランダの橋は見応えがある。多くは卓越した見事な芸術作品で、橋の大きさも架け方もさまざまだ。カーブを描く橋、うねうねと曲がりくねった橋、屈曲した橋……ほかにもたくさんある。ロッテルダムのエラスムス橋は特に注目に値する。マース川に架かる高さ139メートルの白鳥のような優美な橋で、1本の支柱からたくさんの長いケーブルが張られている。ロッテルダムの南北をつなぐ全長800メートルのこの橋の一部は、跳ね上げ式の可動橋になっている。

橋はオランダできわめて重要な役割を担っている。国土の半分が標高1メートル未満のこの国では、ある地点から別の地点にたどり着くためには、橋が欠かせないのだ。土地にとって海面、つまり海岸との関係が重要であるのは、そこが浸食や洪水や海岸浸食に対してどれくらい脆弱かを表すからだが、商業や人口の中心地はたいてい貿易が盛んな沿岸部にある。この状況は世界中で見られる。世界人口の40パーセントが沿岸部に住んでいるのだ。海面上昇はこうした地域を水没させ、大規模な人口移動やインフラの喪失、経済的損失や水質汚染など、壊滅的な事態を引き起こす可能性がある。洪水は昔からある自然災害だが、いまそれほどまでに不安の種となっているのは、こうした理由からなのだ。

デルタ3000

オランダの田舎育ちの少年だったころから、クリスティアン・コーレマンは洪水とその環境に強い関心を抱いていた。毎日の通学で運河を渡らなければならなかったし、運河が氾濫すれば授業を逃す羽目になったからだ。こうした生い立ちが彼の未来を形作った。「少年のときからずっと景観デザイナーになりたかったんだ」と、アルメレに隣接する、自らが設計《デザイン》したなにもかもが人工的に作られたコミュニティを眺めながら、彼は語る。

コーレマンとパートナーのエルマ・ファン・ボクセルは、彼らが作り出しているもの——良識ある市街地（Zones Urbaines Sensibles）——を社名に据え、ZUS社を設立した。この景観デザイン会社は、立地の特性と対立するのではなく、むしろそれらを生かすという独自の哲学を掲げ、業界内で注目を浴びている。「リ・パブリック」とは、ZUS社が未来の建築の義務と定めるものだ。それは、よりよい生活の質につながるきっかけ（たとえば、公共スペースの計画や利用のしかた）を作るために、また誰でも居心地よく受け入れる環境（たとえば、差別を許さないこと）を創出するために、空間《スペース》と政治は互いを糧としあう必要がある、という信念だ。この主張こそが、環境的意義や社会的意義を目的としたデザインで、ZUS社が大いに求められている理由である。たとえば現在、ZUS社はニュージャージー州のメドウランズで、この街を新たな機会と再開発の場に変える手伝いをしている。もちろん洪水の防御が最優先課題だが、ZUS社は住民や来訪者、交通のニーズ、娯楽の提供も考慮している。

住民の統合を促すため、コーレマンとファン・ボクセルはブルックリンで再開発・高級化《ジェントリフィケーション》のためのラボを運営する一方、南アメリカで別のプロジェクトにも取り組んでいる。依頼は世界中から舞い込んでくる。しかしそのすべては、ファン・ボクセルとコーレマンがオランダの建築学校で出会い、新しいアーバニズムの創出に力を注ごうと決意したときから始まった。そんな彼らが最初期にデザインした作品のひとつが、2005年に発表したタイド・シティと呼ばれる水上都市だった。

「海面がとんでもなく上昇したら、デルタでどうやって生き延びればいいのだろうか？　タイド・シティは、堤防の後ろにびくびくして引き下がるのではなく、デルタのなかでデルタとともに生きればいい、というアイデアだ。潮流や潮汐の力強いダイナミクスに触発されたその街は、しなやかな海草の

デルタ 3000 プロジェクト

ように水面に浮かび、大、中、小のポンツーン〔浮き居住地〕が、中央広場と触手のように繋がった構成になっている。中央広場は本土と長い（120メートルほどの）橋で結ばれていて、上下に動けるようになっている。タイド・シティでは、眺めが絶えず変化するその街ならではの経験が味わえることだろう。なによりそれは安全な居住地と、土地造成とエネルギー生成の機会をもたらしてくれる」。それが、ファン・ボクセルとコーレマンが描く、現段階ではモデルという形でのみ存在するそのプロジェクトの姿だ。しかしそれは、ほかの目的でも役立つこととなった。タイド・シティは「デルタ3000」というプロジェクトの土台となったのである。

デルタ3000は、オランダ中の低地を砂で覆い、そこに人工の丘を造るという野心的な構想だ。国土を砂で盛れば、洪水を防ぎ、淡水を確保し、自然の力で持続していく生態系を作り出すことができるだろう。それはオランダをむしろ地中海のビーチリゾート地のような場所に変えたり、生来の土地を離れざるを得なくなる未来の気候難民のためのスペースを作り出したりすることにさえなるのかもしれない。

「ある種の自然な景観のなかでの生活のつながりを再構築したかったんだ。テクノロジーを使えば、その自然なシステムを再構築できる」。そう語るコーレマンは、アルメレに隣接する自らが設計した人工砂丘の周囲を、貴重な時間を使って案内してくれる。そこは現在3000戸の住宅が建築中で、カーニバル社（世界最大のクルーズ客船会社）などの企業も移転してくる予定だ。ベルリンやブルックリンのクリエイティブな人が好みそうなファッション（全身黒づくめの服とスニーカーに、モダンで知的なメガネ）でスマートに決めた30歳のコーレマンは、砂丘を気ままにダッシュするような少し自由な人で、建設現場の深部を見てみたいというリクエストにも快活に応じてくれた。

アルメレ湖を、そして最終的には北海を浚渫すれば、干拓地や造成地を山盛りにするのにじゅうぶんな、莫大な量の土砂を採取することはできるだろう。これらの砂丘は実際に地盤を軟弱にするのではなく強化するため、オランダ全域で一般的におこなわれてきた伝統的な地下水の汲み上げや防潮堤の補強よりも優れている。地下水を汲み上げると、地下水面が下がり、地盤沈下が引き起こされるが、砂丘であれば、雨水が自然に濾過されて淡水の帯水層を形成し、塩分を含む地下水が土壌に入り込まないよう押しとどめてくれる。ZUS社のプロジェクトは、土地に美的な魅力を加えながら、土台を強固にするのだ。

アルメレの水辺にある砂丘のコミュニティには、魅力的な砂岩の家が点在している。盛土のおかげで、障害物がなくてもプライバシーが保たれており、5〜6棟のタウンハウス（低層の長屋式集合住宅）がよじれて並ぶ区画どうしが、見事に融合している。地中海テイストの建物こそ違うが、それはケープコッド（アメリカのマサチューセッツ州東端の岬）を彷彿とさせる。モデル住宅には、白塗りの部屋や板張りの床、ステンレス製の設備、自然な景観を模した小さな庭に出られるガラスの引き戸がある。大半の住宅は2階建てだ。コーレマンは、住宅販売はより大きな戦略の一部だと話す。「もしここにこれから開発される住宅や不動産があれば、そうした民間投資が砂丘という大型建設投資につながっていく、ひとつのビジネスモデルを構築できる」

デルタ3000というプロジェクト名には、次の1000年間、つまり西暦3000年までオランダの安全を保障するという意味が込められている。莫大な資金の調達には民間部門の参入が欠かせないだろう。

デルタ3000プロジェクトには、物理的には大量の土砂の浚渫、運搬、投入、圧縮が必要となる。建設工事は複雑だ。造成した新しい土壌は動きやすく、落ち着くまでに時間がかかる。基礎工事や給排水工事、ガスや電気の配管は、その動きをすべて考慮しなければならない。一般的に公共インフラはあまり柔軟ではない。数メートルごとに現れるマンホールを見ると、土地がいかに不安定なのかがよくわかる。作業員は上下水道管にすぐに駆けつけて、修理や交換をおこなわなければならない。「埋め立て地ならではの対応は、ほかにもいろいろありますよ」とコーレマンは説明する。

海の底からかさ上げされた土地は、もちろんアルメレだけではない。シンガポールの25パーセントは埋め立て地の上に造られた。ムンバイは、もし土木技師たちが５００年にわたり、ボンベイ〔ムンバイの旧称〕の７つの小島をつなぎ合わせる方法を考案し続けなければ、いまの姿にはなっていないだろう。サンフランシスコでは湾のかなりの部分が埋め立てられ、その上に都市が築かれた（そのためこの街の地下を走る路面電車は、地下に埋没した古い沈没船の船殻を通過すると言われている）。東京もリオデジャネイロも、ニュージーランドの首都ウェリントンも、全域あるいは一部が埋め立て地だ。さらに一歩先を行くのがアラブ首長国連邦で、すべてがまがい《フェイク》物の水上都市を建設中だ。それらはレプリカの「最高峰」としてデザインされる３００の人工島で、モナコ、ドイツ、スウェーデン、イタリアのベネチア、ロシアのサンクトペテルブルクなど、地球上のさまざまな場所に似せて造られる。

アルメレの砂丘の街には、そのようなレプリカのリゾート地を作りたいという野望はない。ここではひとつの実際的な設計の結果が、着実に構築されつつある。水際にある砂丘は、水が引き起こしてきた破壊から社会を守るモデルになりうる。少なくともコーレマンはそのように見ている。自然と社会の調和を求めるそのような声には勇気づけられるが、最善の意図にもマイナス面はある。

デルタ３０００プロジェクトでオランダに新たな土地や都市やコミュニティを作るには、長年にわたり途方もない規模で海底を浚渫しなければならないだろうという事実は、避けて通れない。だが浚渫は環境面での懸念を数多く引き起こす。海底が乱されれば、海洋生物に被害がおよぶおそれがある。また、それまで静かに沈んでいた物質が土砂とともに巻き上げられ、周囲にばらまかれる。ばらまかれた土砂は有毒かもしれず、そこから重金属が水中に放出されて、それを今度は魚が取り込んでしまう。水銀汚染はすでに海洋生物にとって重大な問題だ。水銀中毒は人間にも脳障害や心臓病、脳卒中を引き起こすおそれがある。銅や亜鉛、カドミウムなどの重金属も、海中と陸上の両方で悪影響をおよぼす。

環境試験によれば、デルタ３０００プロジェクトの浚渫は無害だ、とコーレマンは言う。それでもアルメレだけでおよそ1.3平方キロメートルのプロジェクトを完成させるには、数百万トンの土砂が要るだろうし、オランダ全体ではさらに２２０億トンの土砂が必要となる。もしそれだけの土砂を運ぶダンプカーを並べたら、その長さは地球１０００周分を優に超える。

海底の土砂の採掘や浚渫、陸地への投入をおこなえば、なんらかの環境への影響が必ずどこかに出る。そんなふうに自然を攪乱する価値がそれにあるのだろうか？　あるいは自然が発するシグナルに耳を傾け、ますます人間のものとなっていくもの——乾燥した埋め立て地——は、本当は自分のものだと海に主張させることのほうが、賢明なのだろうか？

香港大学の地球科学教授で、埋め立て地の問題に詳しいジミー・ジャオ（焦赳赳）博士は、埋め立て地の造成はほとんどの場所でできる限り避けるべきだ、と考えている。例外もあるが、それは彼いわく、土地がきわめて限られた香港のような都市部だ。しかしそのような場所であっても、包括的な試験や分析によって、特定の、ごく限られた区域のほうが、ほかの候補地よりも埋め立てにふさわしいことが判明するかもしれない。たとえば地下水への海水の混入は飲料水に悪影響をおよぼすことから、ひとつの大きな懸念材料となる。海底に留まっている化学物質を解き放ってしまう可能性があるかどうかも、また別の懸念だ。さらには、どんな埋め立て材料を使うかによっても、あらゆる種類の影響をもたらすおそれがある。彼は埋め立て地の造成にかんする自らの膨大な研究内容に触れ、沿岸生態系に関与する自然の作用の極度の相互接続性について指摘する。まるでチェスのように、いやむしろ囲碁のように、盤上のひとつの石を動かすことで、あっけにとられるような展開が連鎖的に始まる可能性があるのだ。海底の堆積物を乱せば、数え切れないほどの結果をもたらしかねない。どうやら私たちは、ジオエンジニアリングをしても、しなくても、困ったことになるようだ。

もし海面上昇の高いほうの推定値が現実のものとなれば、世界中で数千キロメートルの海岸線が失われるだろう。そうなれば、はるか内陸部や洪水地帯の外側の地域に人口が集中することになるかもしれない。文明のそれほどまでに大きな部分を移動させるのは、容易なことではないだろう。

茨城大学の地球変動適応科学研究機関長、三村信男教授〔現在は茨城大学の地球・地域環境共創機構 特命教授〕による非常に学術的な論文によれば、「2100年に予想される海面上昇は、世界中の沿岸地帯にとって重大な脅威となる。特に、海面上昇に熱帯低気圧の激化が重なれば、浸水の危険にさらされる人口はおそらく数億人に達するだろう」。

アメリカ合衆国の人口にほぼ匹敵する人口が海面上昇の影響を受ける、というきわめて現実的な可能性に私たちは直面しているのだという見解は、にわかに信じきれるものではない。オランダでの洪水はひとつの事象だ。理解はたやすい。しかし人々の大量移住や人命と財産の喪失というのは、学術的理論の単なるアウトライヤー〔通常の分布から大きく外れた値〕――思索をめぐらすものであって、真剣には考慮しないもの――として認識されてきた。これまでは。いまやそれは現実である。

大規模な気候難民の移住を避けるためには、人々が居住できる土地をもっと作り出さなければならないだろう。海の底から誕生した人工の都市は、私たちの多くが我が家《ホーム》と呼ぶ場所になるのかもしれない。

＊　＊　＊

○動植物のための水上タワー○

ウォータースタジオ・NL社は、未来の暮らし――水上生活――をデザインしている。

「2050年までに世界人口のおよそ70パーセントが都市部に居住する見込みだ。世界の大都市のおよそ90パーセントが沿岸部にあることを考えると、すでにわれわれは人工的な環境で水と共生する道を再考せざるを得ない状況にある」。これが、業界の第一人者と目されるクーン・オルトハウスが率いる会社のビジョンだ。彼は完全な水上都市から、水上住宅、水上ゴルフコース、水上レストラン、水上クルーズターミナル、水上モスク、水上ホテル、さらには水上スラムまで手掛けている。これらのプロジェクトはいずれも、気候変動が必然的にもたらすことになる洪水に向けたプランを練る、という共通の使命をもった、建築の驚くべき妙技である。

オランダに拠点を置くウォーターースタジオ・NL社は、「水中、水上、水辺における建築、都市計画、研究」をおこなっていると語る。それは人間のためだけのものではない。

「シーツリー（海の木）」は、垂直に立ち上がった動物専用の緑の生息地としてデザインされている。斬新な見た目だ。オープンエアのフロアが階層状に積み重なっていて、フロアの面積は上階に行くほど大きくなる。予想図を見ると、各フロアからは植物があふれ出しており、構造全体が水に浮かんでいる。それは都市開発によって鬱蒼とした緑地が犠牲となる、動物のためのタワーなのだ。

シーツリーの建設には沖合の石油掘削装置と同じ技術が使われており、石油会社が環境への配慮を表すため、自ら選んだ都市にシーツリーを寄付することが期待されている。シーツリーは、動植物のためだけに建造される初の水上タワーなのだ。

同社は私たち人間に向けては、生活のほぼすべての面に対して建築を進めている。「ウエストランド」は、オランダのハーグの近郊に造られた水上都市だ。このプロジェクトには、複数の水上住宅や浮島、水上集合住宅が組み込まれている。

また人類のなかで最も貧しい人々が、気候変動の最前線で、その破壊に最もさらされていることを念頭に置いて同社が設計したのは、ペットボトルで作られた土台の上に海上貨物コンテナを載せた「ウェットスラム」だ。非常にスタイリッシュで、内部は輝くような白さだ〔この貨物コンテナは、内部にインターネットやタブレットなど最新のハイテク設備を完備しており、移動式の教室やデータセンターとして使用できる。水上に設置できる独立型ユニットのため、水辺にあることが多い貧困地域やスラム街に、教育やＩＴの機能を付加できる〕。世界各地への導入を促すため、ユネスコの水工学エンジニアたちのネットワークが活用されている。このプロジェクトは、ウォータースタジオ・ＮＬ社が、水辺のスラム街の生活環境改善を目指すフローティング・シティ・アプス財団とともに立ち上げた。

オルトハウスは、現代の設計者《デザイナー》は気候変動の時代にとって不可欠の存在であり、都市に対するもっとダイナミックな解決策を、つまり水がますます形作っていく世界を考慮に入れた解決策を、考えていくべきだと信じている。

○ハスの花の空中都市○

「このコンセプトは、泥水のなかから姿を現し、清らかな花を咲かせることで知られるハスの花に着想を得たものだ」。それが、ベルギー出身で、現在はロンドンで建築家・ビジュアルデザイナーとして活動するツベタン・トシコフが解釈する空中都市の姿だ。トシコフが創設したスタジオは、建築とコンピューターグラフィックスとデザインを組み合わせ、目を見張るほど美しい、魅力的な造形を生

ハスの花のシティタワー

み出している。

ハスの花をかたどったその美しいガラス張りの構造物は、自然光を受けてキラキラと輝き、都市の高層ビル群のはるか上へと伸びて、雲をも突き抜ける。それは人々に環境について考えさせ、混とんとした都市の深淵に生きる人々に、静かなつかの間の休息を与える。その有用性は、将来、単に美しいということだけにとどまらなくなるかもしれない。今世紀に予想される人口爆発によって大幅に不足する「空間」を、地球に付加する可能性があるからだ。

破滅的な未来予想図に抗い、すらりと立ちあがるこのガラス張りのハスの花のタワーは、明るい陽射しを捕らえ、視界を遮らない。頂上部のハスの葉を模した水平部分には、庭園や池が配置された静謐な緑地が広がっている。その下の階層には、居住や仕事、ショッピング、娯楽、教育のためのスペースが組み込まれている。

このデザインは、マンハッタンの中心部の緑地不足がきっかけとなって生まれた。ハスの花のタワーは自然と持続可能性を考慮したデザインとなっている。建設されるのは、人口1000万人を超えるメガシティだ。建設は数棟まとめておこない、それらをハスの葉の先端で連結させることで、隣の空中都市へ直接移動できるようにする。もちろん、それだけの高さがあることから、最下層を除く全階層で浸水被害を軽減することができるだろう。

メガシティでは高層建築がますます増えている。高さ1000メートルを超えるサウジアラビアのジッダ・タワーは、完成時にはドバイのブルジュ・ハリファを150メートル以上も上回り、世界一の超高層ビルとなる見込みだ。

垂直に伸びる都市というのは、少しも新しものではない。しかしまるまるひとつの都市機能をもつ建物は新しいものだ。「より持続可能な未来へのひとつの解決策として、垂直都市《バーティカル・シティ》にかんする世界的な議論に火をつける」ことを目指し、その名も「バーティカル・シティ」というNPOまで発足している。すでに一歩先んじている都市もある。香港には350棟を超える高層ビルがある。ニューヨークには275棟以上、ドバイには190棟以上あり、さらに数十棟が建設中だ。これらはハスの花とはだいぶ見た目が違うだろうが、トシコフの空中都市というコンセプトは花盛りだ。

空中都市が建築家の単なる美的道楽を超えるものであることが、洪水によって証明される可能性がある。垂直に伸びていく都市は、都市生活や商業開発、住宅開発が向上していくために必要なのかもしれない。

第10章 涼しく快適な地下空間に暮らす

数十億人が地上に住めなくなる

ここはわずか数年後には、北アメリカ、いやひょっとすると西半球で、最も混雑した都市になるだろう。現在2200万人が暮らす、世界で最も人口増加が著しい都市のひとつだ。

メキシコシティでは、居住可能な空間以上に人口が増え続けている。高層ビルは数えるほどしかない。区域区分にもとづく土地の利用規制がたくさんあるのだ。また、外に広がろうにもすぐに土地が尽きてしまう。地理的な境界が存在するのだ。ここは四方を山脈や火山に囲まれた大都市なのである。

数千年にわたり、豊かな天然資源——松林や川、獲物となる野生生物、そして塩湖でさえも——を求めて、大勢の人がこの地域に引き寄せられてきた。食料も水も豊富にある。しかしいまや、これ以上成長する余地がない。

３８００万人を擁する東京都市圏（東京都近隣の県域を含む）は、世界で最も人口の多いエリアだ。東京は高層ビルとともに上に向かって、また堅固な自然の障壁がないことから外に向かって、成長してきた。同様にニューヨークはイーストリバーを飛び越え、ブルックリンとクイーンズ、さらにその先へと広がった。ロンドンはテムズ川を横断し、サウスバンクを超えていった。ところがメキシコシティにはそのような幸運はない。自然が人々を谷間に閉じ込めているのだ。この都市には、今世紀半ばまでにさらに数百万人が加わるとみられており、ゴールドマン・サックス社の予測によれば、そのころメキシコシティの経済規模は世界第5位となる可能性がある。あらゆる面での成長が見込まれているのだ。それでも歴史的建造物の保存主義者は、再開発を禁じている。土地区分法の規制により、開発業者は街の中心部に6階以上の建物を建てることができない。交通インフラは老朽化が進み、衛星都市からメキシコシティの中心部へ通勤するという選択肢も、周囲の山々によって阻まれている。その結果、都会への大規模な集中が起きているのだ。

どの巨大都市を歩いてみても、雑踏のなかで人の心を読むというのはなかなか難しい。人波にただ押し流されてしまう。足を踏み出せるのは、目の前を歩く人が後ろに残したスペースだけだ。肩と肩がひしめき合うばかりで、逃げ場がない。

おそらくほとんどの人は、群集に巻き込まれた経験があるだろう。それは抗いがたく、確かに一瞬、パニックにもなる。だからメキシコシティのど真ん中――一般にソカロ（中央広場）と称される、憲法広場――で、ひとりぽつんと立っているのが、あまりにシュールなのだ。そこは国の歴史的建造物に囲まれた一辺200メートルを超える大広場だというのに、すれ違うのはわずか数十人のみ。この広大な空き地には、国旗を掲揚する巨大なポールが1本、中央に立っているだけだ。

この中央広場からほんの数歩離れただけで、この街は人や自動車や公共交通機関で混雑している、というより、すし詰めである。手回しオルガン弾きや観光客の団体、顔にペイントを塗って肌を大きく露出した民族衣装の大道芸人がいる。屋台の列が数キロメートルにわたって延々と続く。労働者や学生の群れ、そしておそらくほかのどこよりもやたらと目につく警察官が、街を動き回っている。

すでに過度の負荷がかかっているこの都市基盤に、今世紀さらに1000万もの人口が加わるとみられること、また空間に限りがあることを考えれば、浮かぶ疑問はこれだ――みなどこに行けばいいのだろうか？　ほぼ確実に下へ、つまり地下へ向かうことになるだろう。彼らだけではない。世界各地で人は――まるごとひとつの町でさえも――地下に潜るようになる。

100年前、オパールを求めてオーストラリアのクーバーペディに移住した人々は、あまりの暑さに、地上よりはるかに涼しい地下に町を作らなければならないと思い知った。そこには現在、2000人近くが暮らしている。

クーバーペディの年間平均気温は27度を超える。夏季は32度以上となり、数週間連続で38度を上回ることもしょっちゅうだ。しかし地表から10メートルを超える地下では、気温は比較的一定で涼しい。おもしろい事実がある。アメリカではどこでも、地表の年間平均気温とこのくらい潜った地下の温度はほぼ同じなのだ。夏のクーバーペディでは、これは11度の差となる。地下は地上よりもはるかに涼しいのだ。

暑さから逃れるため、地下に避難所を探すにしても、もちろん例外はある。年間平均気温の最高記録をもつエチオピアのダロルは、地表気温が一貫して35度近くある。しかし地面を掘っても、暑さがやわらぐことはないだろう。地下に活火山があるからだ。

原始時代、洞窟は暑さから逃れたり、悪天候から身を守ったりするのに役立った。現代の文明世界では、地下に住むなど尋常ならざる一歩に思える。しかし次の100年間に地球があまりにも暑くなり、数十億人が地上にほぼ住み続けられなくなるだろうこと、地球の陸地の半分が居住不可能になるかもしれないことを考えれば、そうは思えなくなる。

このようなホットハウス（温室化）のシナリオは、気温上昇が予想のおよそ3倍――確かに大きいが、可能性としてはありうる予想――となったときに起きる。ある科学的研究によれば、人間は皮膚の温度が湿球温度で35度を超えると、数時間で死に至る。湿球温度とは湿度を考慮した温度だ。球部を湿ったガーゼで包み、空気にさらした湿球温度計で計測する。発汗によって湿った皮膚は体を冷やすが、35度を超えるとその効果が発揮されなくなり、熱中症が起こる。

アメリカのパデュー大学とオーストラリアのニューサウスウェールズ大学による共同研究によれば、もし気温が予想の3倍を超えて上昇すれば、アメリカ合衆国東海岸の大半やインド全域、オーストラリアの大部分、中国の人口過密地などでは、人は暑さのために生きていられなくなる。

暑さと人口集中（影響を受ける地域の住民は、十中八九、より涼しい地域へ移るため、移住先の地域が混み合うことになる）を念頭に置くと、最もシンプルな解決策は地下に住むことかもしれない。クーバーペディのほかにも、すでに大規模な地下開発は各地で進んでいる。

フィンランドのヘルシンキには、公共スイミングプール、ショッピングエリア、教会、ホッケー場、産業センターを備えた地下の「シャドーシティ」が存在する。中国の北京には、古いバンカー〔掩蔽壕《えんぺいごう》。装備や物資、人員などを敵の攻撃から守るための施設〕に人々が住みついている。シンガポールには、4000人以上を収容する「アンダーグラウンド・サイエンス・シティ」計画がある。トロントにはすでに「PATH」がある。これはレストランや店舗や娯楽施設などの商業スポットと公共交通のハブとを結ぶ、全長30キロメートルを超える歩行者用の地下通路だ。ニューヨークでは人気のハイライン・パークに似た、「ローライン・パーク」についての検討が続いている。ハイライン・パークは廃止された高架線を利用した公園で、人々は街の喧騒の上を、緑を楽しみながらのんびり歩くことができる。ローライン・パークはそれとは逆に、世界初の地下公園との触れ込みで、新しいソーラー技術を使って、地下のトロリーターミナルを緑の空間に変えようとしている。照明、ムード、空間美術における目覚ましい発展によって、こうした新しい地下空間で生活したり働いたりする可能性が、世界各地で生まれているのだ。

移動する都市・スマートシティ

せまりくる気候変動に対し、ダイナミックな解決策を打ち出すため、先見性のある建築家は都市プランナーと協力しあっている。彼らの協働は以前にもあった。

かつては型破りなシナリオが、代替世界の構築への考察を促した。1960年代後半から1970年代にかけて、イタリアの建築家集団スーパースタジオは、資源不足に陥った世界のためのデザインを巧みに作り上げた。この建築家集団は、問題解決を目的としたものとされるプランのなかでも、特に移動する都市──『連続生産のベルトコンベヤー都市』──について詳細なプランを示した。それは、できる限り多くの天然資源を求めて移動し続ける台の上に、コミュニティ全体、つまり「都市」が乗っているというデザインだ。2016年にローマのイタリア国立21世紀美術館は、悲しいことに現在にも通ずる、また将来にはよりいっそう今日性を増すと思われる、『12の理想都市』を始めとするスーパースタジオの作品を展示した。それらはスケッチや写真、動画などのデザイン作品で、そのすべての根底には社会批判があり、過剰消費の危険性や、現代のインフラの脆弱性に対して警鐘を鳴らしていた。

スーパースタジオの建築家は、新たな世界の在りようをデザインしようとした。そのデザインには、ますます破滅の淵に向かっているように見えた世界に対する批判が込められていた。現代の建築家は、汚染と気温上昇によって地上での活動が制限される世界に対し、理論的見地からというよりはむしろ実際的見地から、デザインをおこなっている。さらに彼らは、天然資源と自然界の生息環境を破壊する、都市のスプロール現象を敵視している。都市がその範囲を広げてより多くの土地を消費していくという、水平方向に広がる都市計画は、たとえば住宅開発や商業開発のために森林が犠牲になるなど、土地の資源量を減らしてしまうからだ。

偉大な思想家たちは、古くはレオナルド・ダ・ヴィンチの時代から、過密な生活環境に対してさまざまなプランを立て、都市の大衆が天然資源を調達し確保する方法を考えてきた（ダ・ヴィンチの驚くべき計画のひとつは、川の流れの向きを変えることだった）。しかし1519年に死去したダ・ヴィンチや当時の都市プランナーたちは、土地のスペースについてはそれほど気にする必要はなかった。人口爆発はまだ始まっておらず、町はいくらでも広がっていけたからだ。

人口爆発が起き、世界人口が100年間で20億人へと倍増したのは20世紀に入ってからだ。それ以降、人口は明らかに指数関数的に増加し、現在の世界人口は80億人にせまる勢いだ。人が増えれば、より多くの土地が必要になる。アメリカ科学アカデミーによれば、2030年までに都市部の面積は2000年の3倍になるという。なかでも都市部が最も広がるのが中国だ。アフリカの中緯度地域でも都市部の拡大が予想される。その次に続くのは南アメリカの都市部だろう。

2019年現在、世界有数の人口過密都市は先に述べた東京と、デリー、上海、サンパウロ、メキシコシティだ。今世紀末には、世界で最も人口の多い都市は、現在の東京都市圏の実に3倍にせまるほどの人口を抱えるようになる。ナイジェリアのラゴスの人口は、そのころ8800万人に達すると予想されているのだ（本稿執筆時点では２０００万人）。コンゴ民主共和国のキンシャサは、現在の１１００万人から大幅に増加して８３００万人となり、地球上で２番目に人口の多い都市となる。さらに劇的な増加をみせるのがタンザニアのダルエスサラームで、現在の４５０万人から７４００万人になる見込みだ。ムンバイは現在の３倍増の６７００万人、デリーは２倍以上増えて５７００万人となる。

これらの都市はすでに過密状態にあり、さらなる住人を受け入れる余地は乏しい。つまり都市部はさらにいっそう混み合い、資源には過度の負担がかかったり枯渇したりするだろう。

都市部の過密と拡大に抗うために、いわゆるスマートシティに向けた動きが始まっている。スマートシティは、テクノロジーを活用して、都市の資源をより適切に管理することを目指している。マイクロソフト社は同社の「シティネクスト」というプログラム――交通管理から食料や水の効率的な輸送に至るまで、多種多様な事柄を実行するため、まったく質の異なる情報を結びつけ、デジタル志向の都市生活を緻密に展開するイノベーション――を用いて、スマートシティへの動きを先導している。グーグル社もグループ会社のサイドウォークラボ社を通して、スマートシティの構築に携わっている。気候変動は間違いなく、都市生活の多くの面に影響を与えることになる。その影響をコントロールすることが、将来的に大きなビジネスになるだろう。

人工的な冷暖房など、気候への適応の問題を解決する技術がなかった時代、人間は岩山や地下を住みかとして作り変えることによって、過酷な自然をしのいでいた。

映画『インディ・ジョーンズ――最後の聖戦』で有名になったヨルダンの古都ペトラは、かつて賑やかな商業中心地だった。その構造物群は岩山をくり抜いて造られており〔ペトラという名称は、石や岩の意味をもつpetraに由来する〕、紀元前5世紀には推定2万人が暮らしていた。主要な地下都市は中国、トルコ、ポーランド、イタリア、アフリカにも存在した。当時の人々が地下に暮らした理由は、より快適な環境を求めたことに加え、敵の襲撃や戦争の際に身を守ることにも関係があった。実際のところ、いまや気候は最大の敵のひとつとみなされている。アメリカ国防総省は、それを最大の脅威としてリストに載せてさえいる。

地球の気温が上昇していること、大気を冷やす特効薬がないことを考えれば、私たちはいにしえの人々がそうしていたように、1日のうちの少なくとも数時間は地下に潜らなければならなくなるだろう。それは洞窟、つまり外界からの安全な避難所への回帰だ。しかしそこが暗く陰鬱な穴蔵である必要はない。

古代マヤ文明では、都市は別の都市の上に構築された。アステカ族は湖の上に大神殿を建て、その後スペイン人に征服されると、今度はスペイン人がアステカの大神殿の上に大聖堂を建てた。そしてしまいには、スペイン人の植民都市全体が、アステカの首都の上に建造された。そこは現在、メキシコシティと呼ばれている。

地下に伸びる超高層ビル

ソカロを集会や祝賀のための広大な空き地と見るか、それとも空間のとてつもない無駄と見るかは、その人次第だ。メキシコの建築家エステバン・スアレスはまた別の見方をした。過去から、すなわちメキシコシティそのものの基盤をなす、かつてのアステカの首都テノチティトランに着想を得て、都市の上に都市を建てたらどうだろうか、いや、上にではなく下に向かって建ててみたらどうだろうか、と考えたのだ。彼は空に向かうスカイスクレイパー（高層ビル）とは逆の、地下に向かう「アーススクレイパー」をデザインした。それは地表から300メートル地下に潜り込む、たとえるならば過去の廃墟や遺構を突き抜けて時間をさかのぼる構造物である。

「高層ビルで上を目指すより、このような歴史が積み重なった都市を下に掘っていったらどうなるか、非常におもしろいと思ったんだ」とスアレスは語る。

アーススクレイパーはクールなアイデアに思える。しかし歴史的建造物の保存主義者と市当局は、それを一蹴した。しかしほどなくメディアに取り上げられると、アーススクレイパーは世界的に大評判となった。建築雑誌『eVolo』が毎年主催する、高層建築を対象とした権威あるコンペで、2010年の最終選考に残ったのだ。スアレスには、そのデザインを自治体の計画に取り入れたいという連絡が世界各地から寄せられ、多少アレンジを加えたものが複数建設された。地下都市というコンセプトを踏襲した建物は、メキシコシティ自体の街外れに建設されてさえいる。ガーデン・サンタフェは、地下7階建てのショッピングモールである。

地下建造物の建設があまり頻繁におこなわれないのは、容易ではないからだ。給排水などの配管は重力に抗って機能しなければならないし、構造物は周囲からのしかかる土砂の圧力に耐えなければならない。従来の自然光の代わりに、人工照明を設置する必要もある。開放的で風通しのよい、明るい空間を確保するのは相当な手際を要する。費用がかさむのは言うまでもない。総計すると地下での建設は、従来の地上での建設の5倍ものコストがかかる可能性があるのだ。しかしスアレスは、それは絶対に必要だと言う。「メキシコシティは垂直方向に伸びる必要がある。水平に広がり続けることができないのだから」

メキシコシティ周辺の衛星都市は、スアレスが都市のスプロールの「染み」と呼ぶものに飲み込まれてきた。アーススクレイパーはそれらを逆に「垂直化させる」ことを目指す解決策だった。「これは、その歴史的中心地〔アーススクレイパーの建設地として想定されているソカロ〕に新たな息吹を吹き込み、実質的にもうこれ以上は確保できない新たな生活空間や商業空間、オフィス空間を確保するための、都市の視点からとらえた試みだったのだ」と彼は語る。

本稿執筆中に40歳になったスアレスは、メキシコシティで生まれ育った。弟のセバスティアンとバンカー・アーキテクチャ社という建築事務所を共同運営し、都市空間の再設計に対する情熱を共有している。

この建築事務所の名は、スアレスの最初のオフィス——街の中心部の建物の地下に実際にあったバンカー（掩蔽壕《えんぺいごう》）――にちなんだものだ。窓のない小さな空間だった、と彼は言う。駆け出しのときはそこを借りるのが精いっぱいだったのだ。

スアレスが目指すのは、都市環境に思いがけない形で自然を取り込むことだ。植物が成長する余地を残した橋や、サボテンの形をしたパビリオンなどの作品を手掛けてきた。彼のデザインはモダンで、見る人に語りかけてくるものがある。

スアレスは、自らの建築事務所について、21世紀の建築事象を研究するための新戦略を立てる「プラットフォーム以上、企業未満」だと説明する。

実際に話してみると、彼はまるでデザインの問題を解決するかのように、質問に答えていく。どうでもいい話は一切せず、たちどころに核心を突くのだ。彼の作品はシャープで角張っていたり尖ったりしている。とはいえ、同時に居心地のよさも感じる――たとえ人によっては、上下が逆さまに見えようとも。

アーススクレイパーは逆さまのピラミッドだ。ソカロのほぼ全面をガラスの天井が覆い、そこを透過した自然光が地下の構造物全体にいきわたるようになっている。内部の緑道には自然の樹木が並び、博物館にはメキシコの歴史的遺産やピラミッドとのつながりが展示される（ピラミッドはたいていエジプトと関連づけられるが、メキシコとアメリカ大陸の古代のピラミッドは世界のどこよりも多い）。

アーススクレイパーのさまざま階層は、小売店や商業のスペース、居住スペースなどに割り当てられる。設計どおりなら、公共交通機関もこの構造物を通り抜けることになる。建築スケッチを見る

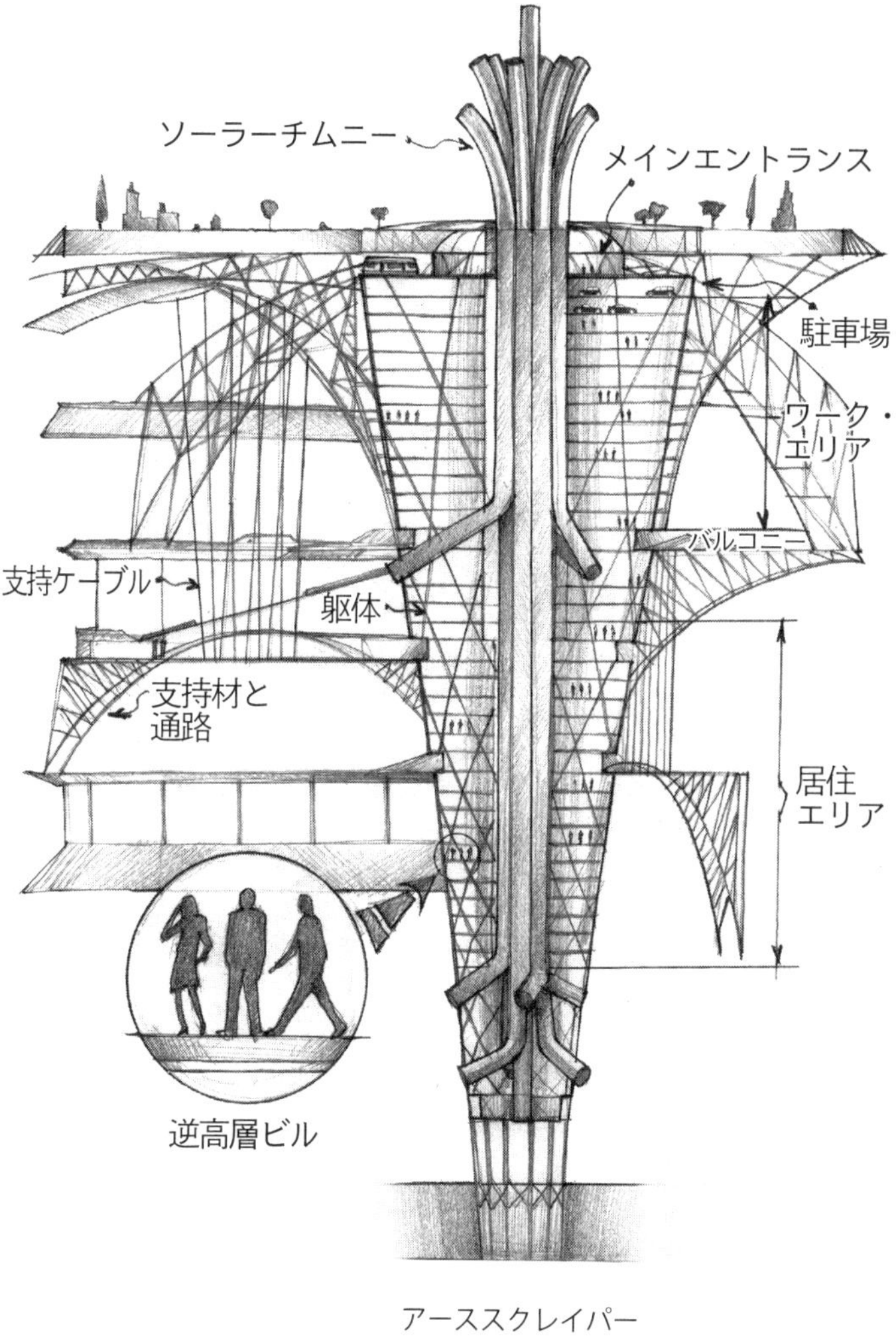
ソーラーチムニー
メインエントランス
駐車場
ワーク・エリア
バルコニー
支持ケーブル
躯体
支持材と通路
居住エリア
逆高層ビル

アーススクレイパー

と、強化ガラスと鋼鉄で造られたアーススクレイパーは、モダンで明るく、居心地がよさそうだ。大きな洞窟、といった印象は受けない。これは大事な点だ。人間は地下にいることを恐れるからだ。

さまざまな研究によると、世界人口の7パーセントにも相当する、およそ5億人が重度の閉所恐怖症だ。実際、空気や光や出口がないことがわかると、ほとんどの人はストレスと不安を感じる。暗闇は私たちにとって最大の恐怖だ。それは睡眠のパターンを妨げ、人々の気分に影響をおよぼす。まるで生き埋めにされているような気持ちになるのだ、とスアレスは言う。彼がアーススクレイパーを、できるだけ多くの自然光を採り入れられるように設計したのはそのためだ。光は大きなガラスの天井を透過し、ガラスの床や壁を通り抜けて、ピラミッドの先端へと向かう。先端、すなわちアーススクレイパーの一番下には、ガラスの天井から集められた雨水を貯めるタンクがある。そこには建物内部の水をリサイクルする水槽や水処理設備も設置される。すべての場所が明るく穏やかな光に包まれている。

この一番下の水場からアーススクレイパーが上に向かって広がっていくさまは、なにやら詩的なものを感じさせる。そこの住民に、立ち上っていくような、地表に再び顔を出すような——まるで発芽する種子のような——気持ちを与えることだろう。

しかし、すべての地下居住空間が、スアレスのデザインに匹敵するほど美を追求しているわけではない。北京では、かつての防空壕が住宅に転用されている。そこの住民の数について公式な数字はないが、複数の推計によれば、実に200万人が地下で暮らしているという。

南カリフォルニア大学の空間分析研究室長アネット・キムは、北京で1年間にわたり、「ラット・ピープル」――地下に住む人々に与えられた侮蔑的な呼称――の生活を現地で詳細に調べた。彼女によれば、非常にじめじめした不潔なアパートから、ロンドンの地下のフラットと変わらないものまで、その状況はさまざまだった。そして湿気とカビが最大の健康阻害要因であることがわかった。「要はデザイン次第なのです」と彼女は言う。地下であっても、清潔で明るい寄宿舎のような環境で暮らす人々は、比較的よく順応していた。放射性降下物からの緊急避難所（核シェルター）として設計された場所に住む人たちは、もっと貧しい暮らしを送っていた。ある女性は、地下暮らしは「人間性が奪われる」と話していたという。

しかし中国は未来に向けて、より魅力的なデザインを模索している。2017年6月に『サウスチャイナ・モーニング・ポスト』紙は、習近平国家主席には「新たな地下世界」を開発するという意欲的な計画があると報じた。同紙によれば、中国北部で地質学者が、ショッピングと娯楽の複合施設など、商業利用を目的とした地下調査をおこなっているとのことだ。

国土面積が世界第4位と広大であるにもかかわらず、中国の人々は商業中心地の近くに住まざるを得ない。そのため大勢の人が北京の地下で暮らすことを選ぶ。大半が出稼ぎ労働者である彼らにとって、通勤は高くつくのだ。仕事場から離れた場所に住むよりも、近くの地下に住むほうが、安価で効率的なのである。

世界的に都市人口は中心部にますます集中していく傾向にあることから、より多くの労働者階級の人々が、地下暮らしを受け入れざるを得なくなるのかもしれない。夜は地上でも地下でも、同じような生活かもしれない。だが太陽が昇れば、多くの人にとって通勤は、垂直方向に変わっていくだろう。

地中深くからゾンビのように人の群れが現れるだなんて、B級映画さながらかもしれないが、私たち人間が地下で時間を過ごさざるを得なくなることを、なおいっそう確信する理由がある。暑さと異常気象が私たちを地下に追いやっていくからだ。

この光景を現実のものとするのに、街をまるごと建設する必要はない。世界の富裕層の間では、「この世の終わり」のためにバンカーを所有する動きが始まっている。それらは最悪の人為災害、自然災害にも耐えられるよう設計された住居だ。食料などの必要物資も、数か月分、あるいは数年分が備蓄されている。居住スペースには最新の装置や機器はもちろん、なかにはスイミングプールや映写室まで備えつけられたものもある。

起業家でありかつてタイムシェアのコンドミニアムと不動産開発を手掛けていたロバート・ヴィチーノは、こうした富裕層向けシェルターのコミュニティをカリフォルニア州サンディエゴに造った。それらは「ヴィヴォス」と呼ばれている。サウスダコタ州にある同様のコミュニティには575のバンカーがあり、1万人を収容できる。そこは地球最大のサバイバル・コミュニティ、と宣伝されている。そしてこれは唯一のものではない。建設中や計画中のものは世界各地にある。「ヴィヴォス・ユーロパ・ワン」は、ドイツのローテンシュタインにある、標高120メートルほどの山の麓の固い岩盤をくり抜いて造られた、2万平方メートルを超える複合施設だ。

気候変動により、私たちはこのような代替住居で暮らすという解決策を取らざるを得なくなりつつある。特に、すでに高い平均気温がいっそう高くなる熱帯地域では、それは都市開発の再考を意味する。1世紀後の地球に行って、中東など赤道地域の主要都市の地表を歩けば、不毛の荒野が広がっているように見えるかもしれない。しかしその足元にある地下のアーススクレイパーでは、文明が繁栄している可能性がある。

スアレスのデザインはいつでも建設されるのを待っている。彼には過酷な未来に適応するための建造物のアイデアが、ほかにもある。

南カリフォルニア大学のキムは、地下に住む人々の健康と安全、そして心理的な幸福の鍵を握るのはデザインだ、と強調する。経験的知識に基づいた設計基準と新たな設計基準を合わせることで、よりよい地下生活環境が開発されることだろう。

*　　*　　*

メキシコシティのソカロの中央に立つ国旗掲揚のポールの足元には、透明な4枚の正方形のタイルが埋め込んである。それらの下には、掲揚された巨大なメキシコ国旗に光を当てる照明器具が収納されている。しかしタイルには5枚目がある。それはセメント製で南京錠が掛けられている。その下には人口過密と都市生活への解決策があるのかもしれない、などとつい考えてしまう。

○清水建設の深海都市○

「オーシャン・スパイラル」は、２０３０年までに５０００人が実際に暮らすことになるかもしれない海中都市だ。日本の清水建設には、海中での建設方法やその運用方法、人間の生命維持方法のモデルとなりうる、こうした海中環境都市の大構想がある。プロジェクトには２６０億ドルという途方もない費用がかかるが、この大手建設会社は実現に自信をみせている。これは詳細な設計図のある、明確なスケジュールが組まれた計画なのだ。清水建設は実現に向けて、未来のテクノロジーを頼りにしたり、３Ｄプリンターを採用するなどして効率を上げたりする予定だ。洋上における完全自動化施工を目指している。

清水建設は、アジア太平洋からアメリカ合衆国の大西洋沖に至るまでの海底地形をもとに、オーシャン・スパイラルに適した場所をいくつか提示している。同社が考える深海の無限のポテンシャル〔具体的には食糧、エネルギー、水、二酸化炭素、資源の課題を解決するポテンシャル〕を生かすため、いずれは深海に都市のネットワークが構築されることを期待している。悪天候についても考慮されているため、海中都市は嵐にも耐えられる。

オーシャン・スパイラルの最上部には、直径５００メートルの球体があり、海面を浮き沈みする。そこは透明なパネルを通して空と海が望める開放的なアトリウムだ。完成予想図には、吹き抜けの空間を周回する真っ白な通路を、人々が歩く姿が描かれている。樹木や壁面緑化の壁があり、食事やショッピングを楽しむ人や、バックパックを背負った子どもたちもいる。大型ディスプレイや、地球のような球形のエレベーターも見える。この居心地のよさそうなベースキャンプの下部からは、海底に向かってスパイラル状の構造物が伸びており、このおかげで海底までスムーズに上下移動ができる。最上部の球体の下には、垂直方向の動きを制御するスーパー・バラスト・ボールが取りつけられている。

ビジネスが育まれるのは球体の中層部だ。清水建設は中央タワーのビジネスゾーンに、エネルギーや観光や研究に携わる企業が入居してほしいと考えている。

発電や養殖がおこなわれ、深海には潜水艇の港も設置される。海面下4000メートルの海底では、深海の研究所であるアースファクトリーが、海底資源の開発と育成、二酸化炭素の貯留や処理や再利用をおこなう。

この海中都市は、海洋研究のための教育と実験の中心拠点と位置づけられている。

この都市全体に電気を供給するのは、海洋温度差エネルギーである。食料と水も海から調達する。そのためオーシャン・スパイラルは自給自足が可能だ。

「地球最後のフロンティアである深海との新しい繋がりを、いまこそもつべきだ」と清水建設は語る。「人類は当社の深海未来都市をベースキャンプとして、深海の力による地球再生を始めるだろう」

生活や仕事の場として、地下のポテンシャルが注目されるなか、海中や海底の可能性も同様に探求されるはずだ。オーシャン・スパイラルは、その始まりに過ぎないのかもしれない。

○オパールの都○

オーストラリアのアデレードから800キロメートルほど北に位置するクーバーペディは、未来都市として奇想を凝らしてデザインされた町ではない。結果的にそうなったのだ。いまでは、同様の措置を講じるほかの町を先導する存在だ。

1915年にその土地の権利を主張した最初期のオパール鉱夫たちが、クーバーペディの世界的認知への道を切り開いた。この町は、いまでは「オパールの都」として知られている。猛烈な暑さをしのぐ住居をどうやって造ろうかと考えたとき、鉱夫たちの地下深部の知識が役に立った。その住居は特権からではなく、必要にせまられて建てられたものだ。彼らは採掘の道具を使って土を掘り、地表よりも涼しい地下に家を造った。地球の気温が上昇するなか、多くの都市がこのような地下生活へと進化していくかもしれない。

砂岩をくり抜いて造られた地下に広がる住居は、互いに連結していて、太陽を遮断した都会的な砂漠のオアシスを形成している。地下ではエアコンは不要だ。エネルギーは最近までディーゼル燃料が使われていたが、いまはもう安価で調達しやすい再生可能エネルギー——太陽と風——に舵を切っている。木陰を作るための樹木も植えられつつある。それは哲学的な理由からではない。実用的な解決策だ。この町は住民に非実用的な設計を強いるのではなく、自然の力を活かそうとしている。こうした実践は地下生活のひとつのモデルとなることだろう。

地球で最も暑い都市のひとつであるクウェートシティ〔クウェートの首都〕は、２１００年にはあまりの暑さに居住不可能になると推測されている。市当局が冷却に向けた取り組みを一気に進めない限り、そうなる。実際そうした施策は推進されているのだが、地面を掘り下げることも検討し始めなければならないかもしれない（石油のためではなく住居のために）。クウェートシティは、気候を考慮しなければならないことをすでに身に染みて知っている。この数十年間にガラス張りの高層ビルが建設され、ほぼ絶え間ない空調を余儀なくされているのだ。道路網は最近グリッドシステムに変わった。つまり交通はより複雑になり、より多くの汚染が引き起こされている。欧米化された美意識には気候の犠牲が降りかかるのだ。

先見の明が欠落しているのは、クウェートシティに限ったことではない。２０５０年までに、世界大都市気候先導グループ（C40）は、世界各地の９７０の主要都市が暑さとの関係を再考せざるを得なくなるだろうと予想している。C40は『都市の熱はオンになっている（*For Cities, the Heat Is On*）』という報告書のなかで、「極端な気温にさらされる都市の数は、今後数十年間で3倍近くにのぼるだろう。……このような高温にさらされる都市の人口は、今世紀半ばまでに８００パーセント増の16億人に達する」と述べている。

おびただしい数の住民の移住を阻止するには、都市の再設計が重要となる。そのためにクーバーペディは希望の町と目されるかもしれない。この町では人々は立ち退く代わりに、自分の住まいを受け入れたのだ――地下に。

第11章 氷河の融解を食い止める

世界の運命を変えるサークル

この円《サークル》のなかに世界の運命がある。ここ北極圏《サークル》の氷が、地球温暖化によってどれだけ融解するかが、数億人の未来を決することになるだろう。誰が生きて、誰が死ぬか、誰の家が失われるか、どの地域が地上から消えるか、逆にどこで世界が花開き、繁栄していくかが決まるのだ。

氷の融解は海面上昇と相関関係にある。そして海面上昇は海岸浸食と洪水と、さらに洪水は荒廃と相関している。寒冷地なら多少の融解は新たな植物や生物種が繁栄するきっかけとなって、歓迎されるかもしれない。しかしそのような幸運な場所はごくわずかだ。気温が上昇し、極地の氷が融解するにつれ、世界の大半は苦しむことになる。

冬の間、北極圏ではおよそ1500万平方キロメートルの海氷が形成される。夏になるとそのおよそ半分が融解し、次の冬が来ると再び凍結する。それが数百万年にわたり続いてきた自然界の氷河水文学的サイクルだ。しかし融解した水が再び凍結する量は、次第に減ってきている。海水温の上昇によって融解が進み、北極海の氷域は10年経るごとに減少するばかりだ。もしこのペースが続けば、2050年までに――もしかするとそれよりずっと早く――夏の北極海ではほぼすべての海氷が解けてしまうだろう。そうなれば、北極には5500万年ぶりに海氷のない青い海が出現し、大西洋と太平洋を結ぶ北西航路が開通することになる。

北極海の氷が融解すること自体は、海面上昇にはつながらない。海氷はすでに海水の量に加味されている。海水が固体であれ液体であれ、占める空間は変わらないのだ。この次に起こることが、最も重要だ――温暖化イベントの連鎖反応の引き金を引き、世界を危機に陥れる可能性がある。

物理学の道理として、水は温まると膨張する。それが海洋で起こると海岸は浸食され始め、大陸氷、つまり陸上に形成された氷も解け始める。これが海氷の融解後に起こる次の段階で、大きな危機となる。陸地の氷河・氷床から流出する水は、海氷とは異なり、実際に海水の量に加わるのだ。その余分な水は上に向かうしかない、つまり海面が上昇するのである。

海面上昇にかんして北半球で最も重要な場所は、グリーンランド〔大部分が北極圏内にある〕の氷床だ。グリーンランドはテキサス州の3倍を超える面積をもつ世界最大の島で、その80パーセントが氷に覆われており、氷の厚さはところにより3キロメートル以上に達する。もしグリーンランドの氷が完全に融解したら、世界の海面はおよそ7メートル上昇するだろう。そしてその氷は現に融解しつつある——急速に。北極は地球のほかの地域の2倍の速さで温暖化が進行しているのだ。

海面が30センチ上昇するごとに30メートルの海岸浸食が起こる。融解は沿岸部の河川や水路沿いに住むおよそ7億5000万人を危険にさらす。ロンドンやマイアミなどの主要都市は完全に水没し、全生物種が絶滅に向かう可能性がある。結果がただごとではないことから、アメリカ航空宇宙局（NASA）は事実上の警報システムを、インタラクティブなオンラインツールという形で構築した。それを使えば、氷の融解が自分の住む町にもたらす影響を知ることができる。期待されているのは、人々が準備に向けて措置を講じることだ。自分のいる場所をクリックすれば、さまざまな海面上昇のシナリオのもとで起きること——浸食、洪水、全面的な移住など——を知ることができる。恐ろしいのは、世界中の293の主要都市が、たった50センチメートルの海面上昇で影響を受けるとみられることだ。その程度の海面上昇は今世紀半ばまでにほぼ確実に発生し、多くの浸食や洪水、物的損害を引き起こすだろう。

氷の融解は海面全体に変化をもたらすが、地球の自転による影響が組み合わさることで、融解する場所によっては特定の地域にいち早く影響が出るおそれがある。それは意外なものだ。たとえばグリーンランドの氷河の場合、ニューヨークから見て一番遠い北東部の氷河が、それよりも近い氷河よりもマンハッタンに影響をおよぼす。これは地球の自転、氷河が海に流れ込む場所、水の流れ方などに理由がある。一方、ロンドンはほぼ同じ理由から、グリーンランド北西部の氷河といっそう関連がある。

海面上昇が複雑であることは間違いない。国連の気候変動に関する政府間パネル（ＩＰＣＣ）は、それをわかりやすく説明しようとしている。「氷河、あるいはグリーンランドと南極の氷床の氷が融解すると、ちょうど浴槽に水が満たされるように、地球全体に均一に海面上昇が引き起こされる、と一般的には考えられている。実際にはそのような融解は、海流や風、地球の重力場、土地の高さの変化などのさまざまなプロセスによって、海面上昇に地域的な差異をもたらす。たとえば後者ふたつをシミュレーションするコンピューターモデルは、融解する氷床の周囲では海面が相対的に下降すると予測している。氷が融解するつれて氷と海水の間の重力が減少し、陸地は上昇する傾向にあるからだ」。言い換えよう。氷河の氷が解けていくと、その下の陸地は――重しが取れて――上昇する傾向にある、ということだ。

しかし実際の現象はそれほど単純ではない。さまざまな変数のなかでも特に時間と、氷床の年代、そして塩分濃度がかかわってくるからだ。スウェーデンのストックホルムの場合、そこでは海面が上昇しているが、陸地はむしろもっと速く上昇している。スウェーデン周辺の地表は、地殻を場所によっては３００メートルも押し下げていた最終氷期の氷床の重しから、いまだに戻りきっていないのだ。

海面上昇の複雑さや地域性、時間の要素をすべて考えると、最も注意を払うべき基準は世界平均海面水位（ＧＭＳＬ）である。これは海面上昇に寄与するすべての入力データによって算定され、海面の高さを測るためのより均一な基準を提供する。どうみても、グリーンランド氷床が完全に融解する可能性はわずかであり、それは南極氷床も同じだ（60メートルを超える海面上昇を引き起こす南極氷床の融解を考えると、グリーンランド氷床の融解はそのおよそ10分の1で、ずいぶん見劣りする）。多様なモデル化手法を用いる数千人の気候科学者によってまとめられたさらに冷静な分析によれば、GMSLは今世紀末までにおよそ15センチメートルから2メートル上昇する。それでも、その中央の数値を取ったとしても、海面上昇は1億4500万人に影響をおよぼす。世界には海抜1メートル以下に住む人がいかに多いか、ということだ。海岸線は変わる。フロリダ州南部の3分の1以上が消滅し、バングラデシュやオランダなどの低地の国は、国土全体が洪水という大きなリスクにさらされる。気候科学者が取り乱しているのはこのためだ。彼らは地球と人口の大部分に影響をおよぼすような、極端な海面上昇の可能性には反応していない。彼らが反応しているのは、可能性がきわめて高い想定に対してなのだ。

氷河流を遅くする

懸念はここ、ノルウェーのスヴァルティーセン氷河のような場所から始まっている。ニューヨーク市の面積の半分に相当するおよそ370平方キロメートルのスヴァルティーセン氷河は、北極圏内にぎりぎり収まるノルウェーで2番目に大きい氷河だ。ダイヤモンドのような形に切り取られたこの氷河は、オーランズフィヨルドのすぐそばまでせまっている。氷河の水はそこからフィヨルドに入り、やがて外海へ出ていく。

周囲の山脈や風景は壮大だ——人影はまばらで、起伏に富んだ手つかずの自然が広がっている。周辺には赤いロッジが点在し、美しく刈られた緑の野原で白い牛がのんびりと過ごしている。原野と森は途切れることなく続く。強風がはるか北からびゅーびゅー吹き降ろし、北極圏の冷たい空気を叩きつけてくる。海は荒れ狂い、白波が威嚇するかのように力強く岸に打ち寄せる。ここの海は荒々しく容赦がないことで有名だ。しかし最も強い印象を残すのは、険峰のところどころに見える山脈の岩肌である。スヴァルティーセン氷河は、標高1800メートルを超えるそのようなふたつの岩肌の間に横たわっている。氷河の氷はのこぎりの歯のようにギザギザだったり、しわが寄ったりしている。クレバスは上方まで幾重にも積み重なり、内部と奥底に青い氷を宿している。氷河の白い平坦な面が日光を跳ね返し、その光を受けたこげ茶色の岩肌が灰色に色褪せて見える。その岩肌の奥には、老人の皮膚のような暗いしわが隠れている。パラパラと雨音がし、時速80キロメートルを超す風が吹いているにもかかわらず、まぎれもない融解の音――勢いよく流れる水の音――が聞こえる。小川や川は、この氷河の融解から生まれるのだ。それは湖など小さな淡水域にとっての命であり、パ・ワ・ーですらある。実際、スヴァルティーセン氷河の流水は、水力発電所で電気を生み出している。

この辺境の氷河の一部をなすのが、ヨーロッパで最も海面に近い氷塊、エンガブリーンだ。面積370平方キロメートルにおよぶスヴァルティーセン氷河は、肉眼では、その下にある岩盤と同じように強固で不滅の存在に思える。しかしそれは驚くべきペースで後退している。小氷期以降、かつてない規模へと縮小しているのである。

スヴァルティーセン氷河だけではない。世界中の氷河が後退している。世界では19万8000か所の氷河が氷の研究者によって計測されており、彼らは気温の上昇によってより多くの氷河が急速に融解していることに気づいている。特大サイズの例になるが、ヒマラヤ山脈内の多くの氷河は、今後100年間で消滅すると予想されている。氷河が徐々に解け出し、新しい湖がいくつも生まれているのだ。ヒマラヤ山脈からの水を頼りに食料の栽培や飲料水の供給、発電をおこなっている10億を超えるアジアの人々にとって、それは本当に悪い知らせだ。地表の温度が上昇するにつれて、標高の低い場所にある氷河は解けていき、すると今度はその地域で生じた余分な熱が、標高のより高い場所にある氷河を徐々に崩壊させていく。世界最高峰のエベレスト山は標高8848メートルだが、そこにある氷河でさえ後退しつつある。

氷河は、極地、アフリカの山頂、太平洋の島など世界各地で見られるが、海面上昇に最も影響するのは、グリーンランドと南極の氷河だ。氷河の融解は、海面上昇のほかにも意外な問題をもたらすおそれがある。世界の淡水の大半――およそ70パーセント――は氷河と氷冠に閉じ込められている。つまり氷河がなくなると、淡水もなくなるのだ。また氷河が地球にもたらす冷却効果は、地球の気温上昇を阻止するのにも重要だ。

氷河は積雪から始まる。雪は降り積もって重くなると、圧縮されて氷になる。雪は圧縮されると、時間の経過とともに内部の空気を押し出したり、気泡として閉じ込めたりしながら、より厚みを増して固体になるのだ。やがてその氷は重力に負けて形が崩れ始め、外へ、下へ、と広がっていく。氷河が動く。ゆっくりと。整然と。それは季節とともに拡大したり縮小したりする、ダイナミックな野獣だ。天候によっても伸び縮みする。しかしここ数十年は、概ね縮小してきた。

アメリカの複数の政府機関と連携し、世界中の氷河のデータをアーカイブに保存している、コロラド大学ボルダー校のアメリカ雪氷データセンター（ＮＳＩＤＣ）の報告によれば、氷河は地球の気温上昇、蒸発、風による研磨によって押し戻され、後退を余儀なくされている。氷河の消耗——氷雪の融解と蒸発——は、もちろん多少は起きる。「融解や消耗の量と比べて積雪量が同等か多ければ、氷河は均衡を保つか、拡大しさえする」とＮＳＩＤＣは説明する。しかし過去１００年間、それは起きなかった。ＮＳＩＤＣは、計測されてきたすべての山岳氷河の90パーセントが後退していることを突き止めたのだ。そして「広範囲に見られるこの後退の原因はさまざまだが、根底にある主因は気候の温暖化と、農業や産業活動が活発な地域で増加する煤塵の影響である」と述べている。

アルベド、つまり地表の反射については別の章で論じた。新雪は太陽光線の95パーセントを宇宙空間に跳ね返す。氷はわずか10パーセントだ。しかし煤塵に覆われると氷雪のアルベド効果は減少する。煤塵がそのような違いを生む理由は、それらが暗色の物質で、日光から熱を吸収し、氷や雪をより素早く解かすからだ。大気中にとどまる熱が増えれば増えるほど、温室効果は大きくなり、地球の気温は上昇する。実際、地表を覆う氷や氷河の最近の減少は、温室効果ガスの大気中への排出量が25パーセント増えるのに匹敵する。つまり、もし氷河を失えば、手に負えないほどの損失となる。地球の気温上昇を阻止するためのアメリカの温室効果ガス排出削減目標は、25パーセント以上だ。この目標はさらなる気温上昇をなんとか食い止めるためのものだ。

もし氷河と氷冠がすべて融解すれば、海は70メートル近く上昇して沿岸部を浸水させ、陸地の多くが水没するだろう。デンバーのような山岳都市は生き残るだろうが、地球のほかの場所は映画『ウォーターワールド』のようになる。しかし私たちはいま、SFの世界で演技をしているわけではない。『ネイチャー・クライメット・チェンジ』誌に発表された分析によれば、炭素の排出削減で地球の気温が下がる可能性はわずか5パーセントだ。要するに、融解はおそらく止まらないのである。氷の融解は自己永続的だ。氷が消えて露出した陸地や海が増えれば増えるほど、気温は上昇し、さらに氷は解けていく。だとしたら、もし炭素の削減がうまくいかないとしたら、なにができるだろうか。その答えはある、と信じている科学者チームが存在する――世界の氷河が解けないように固定・・してしまおう、というのだ。

「グリーンランドと南極の氷床の崩壊を制御できるかもしれない」。そう語るのは、中国の北京師範大学で10年以上教鞭を執る気候科学教授であり、グローバル変化・地球科学部の首席科学者でもある57歳のジョン・ムーアだ。北京在住とはいえ、ヨーロッパ北部の氷河地域に頻繁に赴き、在籍するフィンランドのラップランド大学北極センターからたびたび実地調査をおこなっている。彼のアイデアは、気候変動を解決する時間を稼ぐために、氷河自体をジオエンジニアリングによって凍結させておき、氷の融解量を抑える、というものだ。予測どおり、沿岸部の都市の多くが今世紀末までに海面上昇に脅かされるのであれば、社会が炭素排出の問題に効果的に対処できるようになるまで、そのリスクを先送りする方法を考えようじゃないか、というわけだ。海面上昇は経済的なコストだけでもあまりに莫大で、対策はもう待ったなしだと彼は言う。ムーアの試算によれば、海面上昇による地球全体のコストは、もし沿岸部を保護しなければ、2100年までに年間50兆ドルにのぼる。それに比べれば、氷河のジオエンジニアリングははるかに安価で、結果もすぐに得られると彼は主張する。

ムーアによれば、アジアや南極大陸やスイス、そしてもちろん北極地域など地球上のさまざまな場所で、氷河の実験が功奏している例はたくさんある。彼は北極センターの地球科学者ルパート・グラッドストーン、フィンランドの科学のためのITセンター（CSC）で上級アプリケーションサイエンティストを務めるトーマス・ツヴィンガー、プリンストン大学の氷河学者マイケル・ウォロヴィックとタッグを組み、海洋への氷河の流入を遅らせる3つのユニークな方法に取り組んでいる。ひとつめは、温かい海水を氷河に近づけないようにすることだ。温かい海水の接近を阻止すれば、氷河の融解が遅くなり、より多くの氷が形成され、氷山はその場にとどまることだろう。これをやるには、大陸棚を浚渫して海底に人工的な堤防を作ればよい。「この人工の堤防、つまり防壁は、浸食を防ぐためにコンクリートで覆うことになるかもしれない。防壁の規模は大がかりな土木工事に匹敵するものになるだろう」と彼らは述べ、大規模な建設工事と莫大な材料を必要としたプロジェクトの例として、スエズ運河、香港国際空港、三峡ダムを引き合いに出す。

第2の解決策は、氷棚《ひょうほう》〔氷床の縁が海に突き出て浮かんでいる部分〕を人工的に固定するというものだ。これをやるには氷河の前面に人工島を造り、氷棚を動かないようにすればいい。第3のアイデアは、氷河の下を流れる水を干上がらせることだ。「高速で流れる氷河流〔氷河流は周囲の氷よりも遥かに

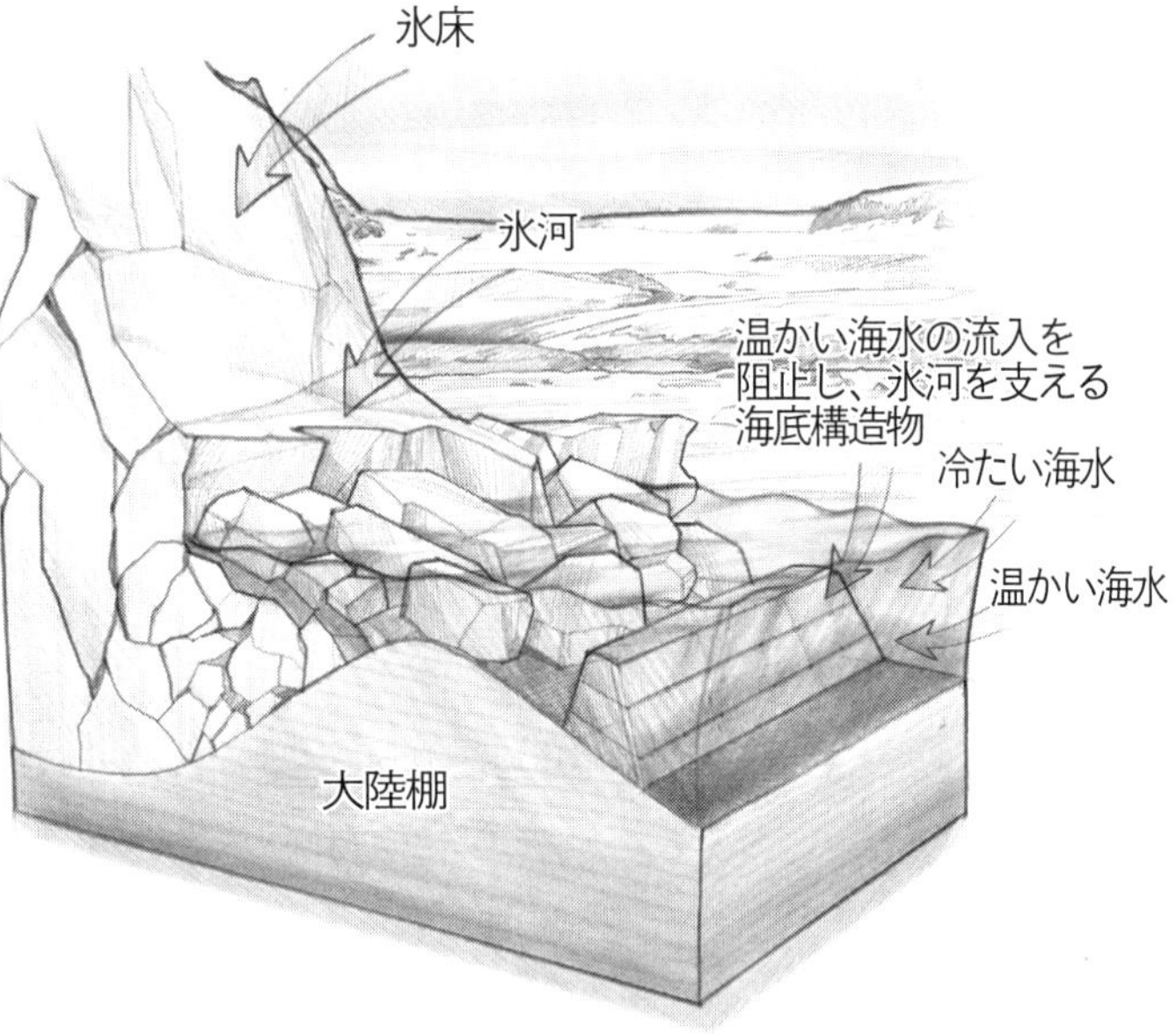

氷河を支える

高速で流動する氷床の領域。流速は周囲の氷の10倍以上の年間1000メートルを超えることもある」は、海洋に入る氷の90パーセントを占める。氷河流が流れると……底部では摩擦熱が生じる。この熱によって生じた水は潤滑油の役割を果たして流れを速め、それがさらに多くの熱を生み、さらに多くの水を作り出して、さらに滑りやすくなる」と、ムーアたちは説明する。だからその水を抜けば、流れが遅くなり、氷はじゅうぶんな時間をかけて厚くなることができるという。

流れを遅くするというこの最後のアイデアが、最も合理的に見える。すでに2か所で前例がある——スヴァルティーセン氷河と南極だ。

スヴァルティーセン氷河での実験

スヴァルティーセン氷河では、氷河学者が氷河の下の岩盤にトンネルを掘り、その水を排出している。その水は水力発電所を稼働させるとともに、ほかの場所の氷河を保持するためにはどのようにトンネルを通せばうまくいきそうかという実例を、ムーアのような研究者に与えている。

スヴァルティーセン氷河の一角にあるエンガブリーン・トンネル内には、氷の観察を続けるための実験室が完備されている。ベッド、キッチン、トイレ、作業空間があるおかげで、科学者はかなりの時間をかけて、氷河内部の水の動きや形成される氷の組成について調べることができる。世界で最も閉所恐怖症を引き起こす研究所、などと称されもするが、そこは氷床の急速な消滅を食い止める手本となる方法を開発する、重要な前哨基地なのだ。

そのトンネルを垣間見るためのトレッキングは、容易ではない。旅はボートで湖を渡ることから始まる。それはジェームズ・ボンドの映画に登場するような、スタイリッシュな黒とグレーの屋根のない平底ボートで、船長はまるで悪役でも追跡するかのように湖面を爆走する。乗客は、装着帯と救命具を体に巻きつけ、サドルのようなものを足の間に挟んで立っている。10分ほどで、ボートはひなびた静かな停泊所に着き、前世紀の遺物のような赤い船小屋の前にあるドッグに入る。そこからは徒歩だ。湖を取り巻く森から遠くの氷河へと向かうのだ。1軒の小さな農家とひとりの牛飼い、1頭のヘラジカが見える。少し離れたところには、フィヨルドの岸辺に佇む軽食屋と展望台がある。最後のボートが午後7時半に岸を離れると、その夜はもう外界との接点はない。

氷河へのトレッキングは、このフィヨルドから本格的に始まる。氷河に向かう標識のついた道はふたつある。短いほうの道は氷河の真正面に出る。もう一方の道は氷河の左手を上り、まばらな木々の間を抜けて山頂近くに向かう。それが、地表から200メートル地下にある研究所のトンネルへとつながる道だ。

赤い標識に導かれて岩肌や割れ目、水の流れに沿って進む。鋼棒で固定された鎖を頼りに登っていく。傾斜はきつく滑りやすい、つまり簡単に滑落してしまう。鎖があるのは氷河の下までで、そこからはすべてバランスと機知が頼りとなる。高木限界〔極地や高山などでの高木の生育限界〕を超えると勾配はさらに急になり、泥やコケや岩のせいで足元がつるつる滑る。赤い標識のいたずらなのか、岩や風の多い場所を通る羽目になる。北極圏の気象が——瞬く間に——始まり、暗い雲や雨や強風がトレッキングの課題に加わる。空気は次第に薄くなり、息苦しさに喘ぎながら大きく息を吸い込む。切り立った急傾斜の足場を一歩一歩登っていく。腿が燃えるように熱い。ペースはゆっくりだ。静寂と、激しい水の流れ、そして自分の息づかい……。風に抗う。周囲の自然のほかの要素——樹木も草も、岩も氷も——はとうの昔に、適応したり、取って代わられたり、転がり回ってほかの場所に落ち着いたりすることを知っている。それは地球というものが、人類が出現するはるか以前からここに存在し、人類がいなくなった後もここにあり続けることを改めて思い起こさせる。私たちの種《しゅ》の生き残りは、適応し続ける方法を考え出すことにかかっているのだ。
トンネル内の研究所では、科学者たちがまさにその方法を考え出しているところだ。彼らは氷のコア試料から歴史を文字どおり計算したり、未来のための解決策を考案したりしている。氷河内部の仕組みをよりよく理解しようと、数か月ぶっ通しでそこにとどまることもある。私たちはその知見のおかげで、数百万年かけて形成された土と氷の塊を、新たに作り直すことができるかもしれない。

たとえばエンガブリーン・トンネルは、ムーアの研究の役に立っており、その研究は大きな支援を受けている。中国政府が極地の研究に30億ドルを投資しており、その一部がムーアのジオエンジニアリングのプロジェクトに向けられているのだ。北西航路の開通は環境面で世界に影響をもたらすだけでなく、鉱業、漁業、貿易業にも大きな経済的影響をおよぼす（大西洋と太平洋の往来がより容易になり、船会社は航路を数千キロメートル短縮できる。アフリカを回る南の長い航路の代わりに、北のルートを使えるようになるからだ）。

資金援助の全体的な目的がなんであれ、ムーアの研究に対する中国の支援は、氷河のジオエンジニアリングをより早く実現させる可能性がある。「すでにシミュレーションをおこなっている」と彼は説明する。実際の氷河の実地調査は始まっているが、なんらかの建設を開始するまでには数年間の観察が必要だろう。氷河の融解に対して示されたそれぞれの解決策は、実験という形で小規模で始められ、その結果次第で取り組みが強化されることになる、とムーアは語る。結果とは、融解の阻止にかんするものだけではない。建設工事や氷河の操作が局所的な生息環境に与える影響についても、観察され、考慮される。

ムーアと彼の研究チーム――氷への侵入者たち――は、自分たちがもたらしうる危険性についてもじゅうぶん承知している。彼らは提案したそれぞれの解決策に対し、労働や環境における危険性についても論じている。たとえば防壁を建設し、温かい海水の流れる向きを変える方法については、「氷山が散在する冷たい海中での建設は、非常に困難で潜在的に危険である」と述べている。それは、建設によって乱流や海底堆積物の攪乱が引き起こされ、局所的な海洋生態系が未知の方法で影響を受ける可能性がある、という意味でもある。ひとたび氷河の融解が遅くなれば、長期的にはさらなる不利益が生じるおそれもある。海水の混ざり方が変わり、温度に敏感な海洋環境が変化して、すべての種と生息パターンに影響をおよぼすかもしれない。

人工島の建設や氷河流の排水も、同様にマイナスの結果をもたらす可能性がある。しかし、最大のリスクはなにもやらないことだ、と科学者たちは念を押す。彼らいわく、「建設による影響は、局所的には氷床の崩壊の影響と比べても、また世界的には急速な海面上昇と比べても、小さなものだ」。

いずれにせよ、未来の世界では荒涼とした青い北極海全体が通行可能となり、地球には新たな地図が描かれるのかもしれない。グリーンランド沖や南極の氷河のきわめて重要な場所には、防壁や人工島のバリケードが、あるいはポンプ場が設置されるだろう。これらの構造物によって、新たな種類の海洋の振動〔潮汐など潮位の変化をもたらす振動〕が拡散され、気象や季節に別の現実が現れるおそれはある。気象がどこでどのように変わるのかは、まだほとんどわかっていない。

気象学者はコンピューターモデルを集め、北極圏の氷が解け切ったときに海面温度でほぼまちがいなく起きるとみられる変化を説明している。北極が温かくなると寒帯ジェット気流が弱くなり、冷たい空気をはるか南へ送り込む、ということはすでにわかっている（冬に北アメリカに到来する有名な極循環は、その証拠だ）。寒帯ジェット気流が慢性的に温かくなれば、別の連鎖的な気象現象の引き金が引かれる可能性がある。異常気象がさらに激しさを増すのは確実だろう。地球の気象にかんする主要な情報源であるAccuWeather.comの報告書は、もし北極圏が融解したら「熱波、降雨、干ばつ、暴風雪、ハリケーンはどれも、さらに頻繁に起こるようになるかもしれない」と伝えている。

気象、海面上昇、洪水、人々の移住……。氷河のジオエンジニアリングによって、差しせまった流れは止められるかもしれない。

*　*　*

○アイス911○

アイス911リサーチ（911番はアメリカの緊急電話番号）とはなんとも耳目を引く名だが、このNPOの使命はさらに挑発的だ。北極圏の氷を復活させることによって地球の気温を下げるというのだ。太陽エネルギーを反射し、地表を冷たく保つために、北極圏に偽物《フェイク》の雪（ガラス質の物質から作られた砂のような材料）を散布しようとしている。

その反射性の材料は、地表に当たる太陽の熱の90パーセントを跳ね返すまばゆい氷の効果を真似たもので、シリカで作られている。アイス911リサーチによれば、人体や動物、地域の生態系には無害だ。シリカは多くの飲食物に含まれていて、動物の飼料にもよく使われていると強調する。「なにより素晴らしいのは、このシリカの微粒子は時間の経過とともにゆっくりと分解することだ」とアイス911リサーチは語る。

スタンフォード大学教授のレスリー・フィールド博士がその材料を考案し、10年におよぶ研究と実験を経て、NPOを設立した。

2017年、その反射性の微粒子はアラスカの北極圏で1万6000平方メートルにわたって散布された。実験の結果は上々で、数年以内にその4倍量を散布することを目標にしている。

この団体の予備的な気候モデルによると、北極圏の氷上にその材料を撒くと、その場所の平均気温が1.5度下がり、地球全体の気温上昇が抑えられ、北極圏の氷量が40年以内に10パーセント増加し、氷の厚さが増すという。

アイス911リサーチは多年氷《たねんひょう》という特殊な氷を守ろうとしている。これは北極圏で最も反射率の高い種類の氷で、夏の間も凍結したままだ。しかし近年、多年氷は急速に融解してきている。水にも浮くこの材料で広大な面積を覆えば、氷の表面を保護し、融解と、融解に伴う海面上昇のような病を予防することができるだろう。

その材料は1平方メートル当たり1セント程度と、高価なものではない。しかし北極圏の面積はおよそ2億8000万平方メートルで、このプロジェクトを実行に移すには相当な費用がかかる。アイス911リサーチは北極圏全体への散布は計画していないが、それなりの面積をカバーするには、数億ドルがかかるだろう。

その反射性の雪の砂は、船か飛行機、あるいは別の方法で地表に散布される。懐疑論者は、その材料が言われているほど無害でもなければ、環境にやさしくもないのではないか、と疑問視している。批評家は、北極海の温度に人工的に干渉すれば、気象パターンなどに予期せぬ結果が生じるはずだと考えている。

しかしアイス911リサーチは、北極海の氷の融解の問題を解決しようという決意を崩していない。この団体には2020年までに地球の気温上昇を大幅に抑制するという3か年計画がある（なお、同団体は2020年に「アークティック・アイス・プロジェクト（北極圏の氷プロジェクト）」と名称を変え、さらに計画を進めている）。短期間で覆わなければならない地表はたくさんあるのだ。

○ヒマラヤのアイス・ストゥーパ○

氷河の後退がもたらす影響は、海面上昇にとどまらない。水の供給も妨げる。気温が上昇すると氷河の融解量が増え、冬の間も川や小川へいたずらに流出する。また氷河が小さくなっていけば、本来

アイス・ストゥーパ・プロジェクト

の融解の季節である春に供給される水量も減ってしまう。「アイス・ストゥーパ・プロジェクト」は氷河の融解を遅らせ、農業で水の需要が高まる時期のために水を保持しておく方法だ。

トランスヒマラヤとして知られるインド北部の広大な地域、ラダックの52歳の技術者ソナム・ワンチュクは、その解決策を考案した。川の上流から水を引いたパイプを垂直に立て、頂上からミストを噴出させるのだ。その水滴は冬の寒さに当たって円錐形に凍結していき、つらら状の氷の層が幾重にもできる。円錐形は氷が比較的解けにくい。しかし、ひとたび解ければ、この氷のストゥーパはただちに水源となり、その水は地域の農村の灌漑用水となる。

ストゥーパとは、ラダックで見られる泥を

固めて造った神聖な構造物だ。ワンチュクの作る「人工氷河（アイス・ストゥーパ）」は、その形によく似ている。巨大な溶けたろうそくのようにも見える。氷のストゥーパを作るのに機械類は一切不要だ。必要なのはパイプと人の手によるハードワークだけだ。

アイス・ストゥーパ・プロジェクトでは、数十個の人工氷河を作ることを提唱している。それによって、高地の砂漠地帯で樹木などの植物を植えること——多くの場所での初の試み——を目指している。アイス・ストゥーパは山の風景を変えるだろう。そのプロジェクトに関連し、若者に山岳開発や気候変動への適応を教える教育機関の設立も計画中だ。山岳地域が抱える特異な問題に対し、科学的な解決策やテクノロジーを開発することが期待されている。

2016年、ワンチュクは名誉あるロレックス賞を受賞し、毎年、この人工氷河の数を増やしていくキャンペーンを発足させた。

アイス・ストゥーパ・プロジェクトは、氷河の後退を止めることはできないかもしれないが、水が流れる時期を遅らせたり、流れる向きを変えて、氷河の融解が引き起こす厄介な影響を防いだりすることができる。

PART Ⅲ
天然資源と未来都市

第12章 トイレから蛇口へ

問題は水へのアクセスだ

川は地球に暮らす私たちに淡水の大半を供給している。しかしその貢献はありがたられたり、敬意を払われたりしていない。実際、川は地球上で最も汚染された自然の要素のひとつだ。それらは命を奪ったり、精神障害や身体障害を負わせたり、先天異常を引き起こしたりする有毒な廃水やバクテリアや重金属であふれかえっている。

たとえば世界で最も汚染された川として広く認知されているインドネシアのチタルム川には、1日当たり2万トンの廃棄物と30万トンを超える廃水が流入している。全長およそ300キロメートルのこの川は、首都ジャカルタから120キロメートルほど離れた場所を流れている。川沿いには2000軒もの繊維工場が立ち並び、有毒な廃水を濾過もせずにそのまま流しているのだ。その一方で、2500万人が飲料水や灌漑用水の主な水源として、この川を頼りにしている。

インドとバングラデシュを流れる神聖なガンジス川は、流入してくる生の下水――1日当たりおよそ500万リットル――のせいで、死にかけている。全長2500キロメートルにおよぶその大河の一部は、ヘドロがあまりに酷く、赤く変色している。しかしガンジス川では、いまなお数百万人がその身を浸したり洗ったりしている。彼らにとってそれは聖なる水なのだ。

イタリア南部を24キロメートルにわたって流れ、ナポリ湾に注ぐサルノ川は、流入するあらゆる未処理の廃水でひどく汚染されているため、地形学の事例研究対象となっている。公衆衛生上の危険は明らかなのに、当局はその水を自治体の供給から排除していない。つまり住人も観光客も等しく危険にさらされているわけだ。

こうした水とはもはや呼べないようなものとは規模も歴史もおよばないが、ミシガン州を流れる全長230キロメートルのフリント川は、数万人を危険な濃度の鉛にさらしたその毒性と影響によって、おそらく世界的な注目を集めてきた。

2015年から2017年まで続いたフリント市の水危機は、数え切れないほど多くのニュースやドキュメンタリー、テレビ番組で取り上げられた。被害者支援のために数多くのキャンペーンが始まり、ウィル・スミス、シェール、エミネム、マドンナなど多くの著名人や芸能人が、寄付金や数十万本ものペットボトルの水を現地に送った。活動家や彼らのようなインフルエンサーによって明らかになったのは、最もリスクにさらされたのは貧困に苦しみ権利を剥奪された人々だ、という事実である。

フリントの水危機は、ほとんどがお金と政治の話だ。２０１４年にフリント市はコスト節減のため、水源をヒューロン湖とデトロイト川から、市内を流れるフリント川に変えることを決めた。だがその際、適切な水管理を犠牲にした。その結果、フリント川から供給される水道水のなかに危険な濃度の鉛が見つかり、1万２０００人もの子どもを含む10万人の住民がその毒にさらされたのである。

フリント川に架かる歩行者用の橋の上に立つと、ラン藻類がはびこる濁った茶色の水が、ゆっくりと下を流れていくのが見える。川の段差のすぐ手前では、2羽の鴨が泳ぎ回り、3個のブイが川面に揺れている。その下の区間では川はいくらか広がった後、曲がって視界から消える。そこには30センチメートルくらいのぬるりとした灰色と青色の油膜がいくつか浮いていて、一緒にゆらゆらと踊っているかと思えば違う方向に分かれ、その影を水のなかに落とす。川底は見えない。川はエンドウ豆のスープのようにどろりとしている。開水路の下には、空《から》のペットボトルがひとつ、流れ着いたまま放置されている。川を60歩ほど渡った対岸には下水管がある。

フリント川からその下水管に沿ってハリソン通りを進み、自治体の建物と水道局のオフィスにたどり着くまで、徒歩で10分もかからない。この都市自体はどんな「モダン・デザイン賞」にも輝きそうもないし、オフィスビルや店舗の多くは空室や廃墟になっている。どうやら、そんな状態がしばらく続いていたらしい。しかしダウンタウンには、真の共同体意識がある。数多くの信仰にもとづくたくさんの礼拝所――米国聖公会や長老派の教会、フリーメイソンの寺院まで――が、活発なイベントの日程を掲示している。人々は頻繁に集い、信仰について話をしているようだ。

ダウンタウンにある工事中の古いビルのひとつで、警備員として立ち仕事をしているシャーロット（姓は教えてくれなかった）は、水道水の状況は改善されつつあると話す。2015年に鉛の毒性が明るみに出たとき、多くの住民は安全な水が供給されない状態に置かれ、ペットボトルの水を使うよりほかなかった。

「いまはもうほとんどの人が水を使えるわ」とシャーロットは言う。フリントで育ち、現在もフリントで暮らす彼女が心配するのは、有毒な水が子どもたちにおよぼす影響だ。「問題は子どもたち。大人はなんとかやっていける。でも子どもは、鉛だの、なんだのかんだの……それって本当に酷いことでしょ」

子どもは鉛中毒の影響を特に受けやすい。未熟で成長途上の彼らの体は、成人と比べると、汚染源から4〜5倍も多くの鉛を吸収する。鉛中毒は脳や肝臓や腎臓に悪影響をおよぼす。鉛は歯や骨にとどまり、時間の経過とともに蓄積していく点でも有害だ。栄養失調の貧しい子どもたちは、成長期に体を作るのに必要なカルシウムや鉄などの栄養素が不足しがちなため、最も被害が大きい。彼らはカルシウムや鉄の代わりに、鉛をより多く吸収してしまうのだ。

シャーロットは、映画館の跡地にできる新しい屋外カフェや、小売り店が立ち並ぶ商業地、農産物の直売所《ファーマーズマーケット》など、この街で進行中の改修工事や新設工事を列挙する。開発も再開発も新しい未来への希望だ。もちろんフリントの住民は、自分たちが直面する水道水の問題と、それに対する世界的な注目については、百も承知している。シャーロットはこの水危機の話をベースに製作され、ライフタイム局で放映された、クィーン・ラティファ主演のテレビドラマ『フリント』にさえ言及する。「そう、ドラマは本当」と彼女は言う。「だって私は全部見てきたんだから」

それはいい。注目されるのはいいことだ。そのおかげで存在するべきではない問題に光が当たる。私たちの多くが気づかずにいる汚染水の問題が、白日のもとにさらされる。いったい私たちの水には、なにが入っているのだろうか。

ミシガン大学フリント校のキャンパス内のトイレの外には、小さな掲示がある。「ミシガン大学フリント校の水は安全か？」と書かれたその掲示には、大学が学内の水をどのように濾過し、検査しているか、また水危機に対処する地元コミュニティをどのように支援しているかが説明されている。

一見、フリントでは水へのアクセスは簡単そうだ。なんと言っても、同名の川が市内を通過しているのだから。デトロイト市からの取水に費用がかさみ、給水停止に追い込まれたとき、市当局がより近場の水源に目をつけたことを誰が責められるだろうか。誤った管理やお粗末な実施基準については言い訳できないが、それはもしも水の供給が衰退したり枯渇したりすれば、将来なにが起きうるのかを示す、明白な実例なのだ。

水の製造方法を誰も考え出せていない以上、唯一の選択肢は、すでに手の内にあるものを使うことだ——たとえ汚れていようとも、たとえ有毒であろうとも、たとえ汲みに行くのに何キロメートルも歩く必要があろうとも。

地球の水の供給量は、氷期以降ほとんど変わっていない。変わったのは私たちが使う量だ。世界人口が4倍に増えた19〜20世紀に、水の使用量は15倍に激増した。

世界人口が80億人にせまり、さらに増加していくなか、水の需要は急増している。人口だけを考慮しても、次の50年間はいっそう逼迫するだろう。2050年までに世界人口は100億人近くになるとみられる。つまり地球上の誰もが生き延び、繁栄するのに必要な水の量は、指数関数的に増加するということだ。しかもそれは個人の消費量しか考慮していない。私たちが生み出す産業も水をがぶ飲みする。たとえばアメリカ合衆国の全地表水（淡水）の半分近くは、発電に使われている。残りの淡水の大半は、食料や農業のために使われている。そしてテクノロジーも大量の水を消費し始めている。インターネットへのアクセスや検索を可能にするデータセンターは、アメリカ国内だけで年間6000億リットル以上の水を使っている。それは地球上のすべての人に2リットル入りのペットボトルを40本以上配るようなものだ。テクノロジーが急速に普及すると、水の使用量も急増するのである。

私たちは実際に使う水以外の水も、どんどん汚している。国連の世界水評価プログラムは、発展途上国の下水の大半が「未処理のまま流され、河川や湖や沿岸地域を汚染している」ことを明らかにした。汚染は発展途上国だけの問題ではない。世界中で水質汚染は増えているのだ。

地球には、海洋、氷河、湖や川、地下水、大気中の水分、さらには生物の体内の水などすべて合わせて、13億8600万立方キロメートルの水が存在する。莫大な量に聞こえるが、それを1個の球体にして表現するとアメリカ合衆国内にちんまりと収まってしまう。地球の大きさと比べると、なんとちっぽけなことか。そして淡水はそのうちのたった2.5パーセントを占めるにすぎない。淡水のうち70パーセント近くは氷冠と氷河に含まれている。30パーセントは地下水だ。すぐに利用できる地表水――湖沼や川など――は1.5パーセントにも満たない。

気候変動はその供給をさらに妨げる。より多くの水分を、降水として地上に落下させずに、大気中に漂わせるからだ。どのみち比喩的な表現になってしまうが、地球の気温が上昇すると、温かな空気は密度が減り、より多くの水分を浮遊させる。科学は複雑だ。だが重要なのは、気温が上昇すれば蒸発が速くなり、地表の水源に残る水が減るということだ。

ほぼすべての科学的な説明によれば、地球上には誰もが使えるだけの淡水がじゅうぶんに存在している。とはいえ、2050年までに地球上のほぼすべての人口密集地域が、ある種の水不足の問題に直面すると予想されている。問題はアクセスだ。飲んだり、入浴したり、用を足したりするのに必要な、水へのアクセスが問題なのだ。世界人口のおよそ4分の1に相当する20億もの人が、水を入手できるかどうかということに影響を受けている。地球上の水の供給はじゅうぶんにあるということと、その水が間違いなく飲料に適したもので、間違いなく必要な人の口に入るということとは別の話だ。

乾燥地は拡大している。国連は2030年までに世界人口の半分が砂漠のような土地に住むことになるとみている。水がなければ、人はより早く水を入手できる場所に近づこうとし、それは結果として途方もない数の「水難民」を生む。安全な水の不足によって移住を余儀なくされる人の数は、最大7億人にのぼると推定される。

現状では乾燥地は地球の陸地の40パーセントを上回る面積を占めている。もうこれ以上増やす余地はほとんどない。

世界には有名な乾燥地がある。アフリカのサハラ以南の地域、中国の高原、オーストラリアの奥地、そして有名なダストボウル〔1930年代にアメリカ中西部の大平原地帯を断続的に襲った砂嵐〕の本場であるアメリカ合衆国南西部だ。確かに、往年のコメディアン、サム・キニソンのように「とにかく動け！」と大声で叫ぶこともできるだろう。しかしこれだけの規模の人が移住するとなれば、簡単な作業では済まない。別の解決策を探る必要がある。

ウォーターファクトリー21

1960年代にカリフォルニア州オレンジ郡は先細りしつつある水の供給に対してなにか手を打たなければならない、そうしなければ水は20年で枯渇してしまうだろうということに気づいた。ロサンゼルスとサンディエゴの間に位置し、半乾燥気候のオレンジ郡は、郡の境界を流れるサンタアナ川の細流と地下水に頼らざるを得ない。カリフォルニア州では配水は北から南へおこなわれる。最初に北の隣人たちから分け前を取っていくため、下流のコミュニティに供給される水はどんどん減っていく。

第二次世界大戦後、オレンジ郡はその名が示すとおりのオレンジ栽培のコミュニティから、住宅とビジネスの中心地へと移行していった。近隣で石油産業や航空宇宙産業が成長したためだ。では人口を増やすには――そのような産業に従事する人々が住める場所を増やすには――どうすればよいのだろうか？　そうだ、もっと多くの水が必要だ。

技術者たちは、このコミュニティが太平洋沿岸にあることから、脱塩化について模索し始めた。脱塩とは、海水から塩分を除去するプロセスのことだ。海水には大量の塩分が含まれているが、海はとてつもなく大きいため、海を未来の淡水源だと考える人がいるのだ。

海水などの塩水は、人間にとっては飲むだけで命にかかわるおそれがある。もっと塩分の少ない水でないと、腎臓は処理しきれず、体に水分を与えることができないのだ。過剰な塩分は脱水を引き起こす。塩水を飲み過ぎると、最終的に死に至ることになる。

塩水から塩分を除去する方法はいくつかある。最も古いのは、塩水を熱して蒸気を発生させ、それを凝結させて淡水を集める方法だ。船乗りは何世紀もの間、この方法を用いてきた。湿気の粒を捕まえるこの方法はエネルギーがたくさん必要で、特に効率的というわけではない。

より現代的な脱塩法として、電気を使って塩をイオンに分解し、飲み水を生成する方法がある。これもきわめてエネルギー集約的だ。

第3の方法は、塩水を膜に通して塩分を濾過する逆浸透だ。効果的ではあるが、高い塩分濃度には対応できないため、海水にはほとんど役に立たない。単純に塩が多すぎて除去しきれないのだ。

オレンジ郡の技術者たちは莫大なエネルギーを扱うことには長けていた。しかし公共の上水道の価格設定は、デリケートな問題だ。脱塩にはエネルギーのコストがかさむことから、彼らは別の方法を探し始めた。汚水のリサイクルについての研究を開始したのだ。

汚水のリサイクルには、脱塩以外のあらゆる濾過工程が伴う。そのプロセスは一般に「トイレから蛇口へ」と呼ばれており、下水を飲めるほどじゅうぶんきれいにするための処理が必要となる。多くの場合、この方法で克服しなければならない最大の問題は、「おえ〜っ」となる要素だ。それは一般の人々の受け止め方や心理的なハードルの問題であり、実質的な障害はそれほど大きなものではない。

汚水のリサイクルには、濾過と処理と検査にかんする数多くの段階を踏むことが要求される。そのため最終的に生まれ変わった水は、ほかの水源の水よりもたいてい「きれい」になっている。

大半の汚水は排水管や下水管から海に流されている。つまりそのような汚水をすべて浄化し、生活用水や飲料水に変える大きな機会があるということだ。オレンジ郡水道局は1950年代、1960年代という早い時期からこの機会を認識しており、やがて隣接するオレンジ郡衛生局と手を組んで、住民に給水をおこなうための持続可能な水源を作れるかどうか検討するようになった。

「それはインフラの偶然でした」。水道局長であり住民でもあるショーン・ドゥウェインは、水道局のオフィスで過去のいきさつについて語る。水道局と衛生局のオフィスがたまたま隣り合っていたおかげで、局員たちは汚水のリサイクルと処理のアイデアについて話し合う機会を多くもつことができたのだという。

そして1970年代半ば、「ウォーターファクトリー21」(「21世紀の水工場」という意味)と名づけられたプログラムを通して、高度な汚水処理工程がスタートした。

現在、オレンジ郡には世界最大の水再生処理プラントがあり、250万人に水を供給している。その回路はほぼ閉じている。つまりトイレに流されたものの大半を再処理し、飲料水として生まれ変わらせているということだ。人々は、というよりも、人々の排泄物は、実際にオレンジ郡の水問題の解決策となっているのである。

水道業の専門家や公共事業の当局者、政府の指導者が、世界中からオレンジ郡の衛生局と水道局を訪れ、その運営方法や汚水から淡水を汲み出す方法に驚きの声をあげている。

汚水処理施設の見学では、下水渠を流れてきた汚水を最大時速8キロメートルで巨大なレーキフィルター（レーキは熊手という意味）へと送り込む、生の下水管を見る（そして嗅ぐ）ことになる。布切れやコンドーム、プラスチックなどの大きな固形物（かつて流行ったボウリングの球までも）が取り除かれ、ベルトコンベアーに載せられる。汚水はその後、沈砂池を通過し、そこで高圧ガスシステムによって卵殻やコーヒーの出し殻などが取り除かれる。次に、悪臭を放つ空気が捕集され、大型のサイロへと送り込まれ

リサイクルされた汚水

る。悪臭はそこで苛性ソーダや過酸化水素と混合されて、除去される。こうして下水は一次処理への準備が整う。

　水は巨大な水槽のなかを少しずつゆっくりと流れていき、その間に固形物は表面に浮上するか、底に沈殿する。その水槽の表層と底を巨大なスクレーパーで浚《さら》い、残存していた固形物の大半を取り除く。水はさらにきれいにするため、散水濾床や曝気槽へ送られる。散水濾床では、水はバクテリアが生息するハニカム構造の材料の上に噴霧される。そこではバクテリアが、まだ除去しきれていなかった固形物をきれいに食べてくれる。こうしてようやく水は、下水処理プラントから隣接する水道局のプラントへと送られるのだ。

　きれいになった下水は、巨大なパイプ——送水量は1日当たり3億8000万リットル——を通って初めて水道局の施設に入ると、まずポリプロピレン繊維束を使用した精密濾過のプロセスを通過し、汚染物資が除去される。次のステップは、水を加圧して微細な孔のあいた膜に通す逆浸透だ。こうして浄化された水は、高強度の紫外線にさらして殺菌し、有機化合物を破壊する。水はそれほどまでに徹底的に磨かれるため、ミネラルを戻さなければならない。この段階で水は飲める状態になっている。しかしまだ住民には上水として供給されない。その代わりに水は地下水盤に注入され、そこでほかの水源の水と混ざり合い、およそ6か月かけて自然に濾過されたのち水道管に戻ってくる。その水を人々は飲んだり、入浴したり、用を足したりするのに使うのだ。このサイクルが延々と繰り返される。

目の前にあるシンクは、未処理の下水がさまざまな濾過装置や処理プロセスを経てたどり着く最後の停留場だ。工業用のステンレスのシンクで、飲食店で見かけるような小さな蛇口がついている。蛇口から流れ出る水は澄みきっていてすがすがしい。小さなプラスチックの検査用のコップは透明で、その中身――リサイクルされた汚水――も同様に透き通っている。においはまったくない。だが飲むにはまだ若干のためらいがある。下水管を流れていく未処理の汚水の残像があまりにも生々しいからだ、たぶん。とはいえH_2Oには変わりない、乾杯！　味はうまい、というか、まったくない。

この名うての井戸と同じ水を飲む250万の住人から、水について正式な不満が出たことはない。奇妙な病気が突然発生したこともない。だがそれは、対処を要する汚染問題が過去にも現在にも存在しない、という意味ではない。

アセトンの1種――洗浄液によく使われるが比較的害の少ない化合物――が、オレンジ郡の水処理システムに危うく忍び込みそうになったことがある。水道局の水質・技術副本部長マイク・ウェーナーによれば、アセトンは機械的な処理システムは通り抜けたが、自然環境内の緩衝器（地下帯水層の土砂を通過させる6か月間の濾過プロセス）によって、地下水として汲み上げられる前に取り除かれたという。

もうひとつの濾過の問題であるN－ニトロソジメチルアミン（NDMA）という化学物質については、いまも取り組みが続いている。NDMAには発がん性があり、どうやら浄化した後に再生成する能力があるようなのだ。NDMAは通常、工業化学プロセスの副産物として生成される。ウェーナーによれば、郡はＮＤＭＡの再生成を最小限に抑えるため、処理後の条件を管理しているとのことだ。また水道局の広報担当者は、過酸化水素を用いた紫外線による高度な酸化工程によってその問題に対処した、と語る。それでも懸念は多い。

　水質検査は厳しい規制が課せられた業務で、間違いは許されない。なにかを見逃せば、人を死なせる可能性があるのだ。ミシガン州フリントの水危機はその好例だ。水道システムを変えたことで、検査に齟齬が生じた〔フリント市職員は水質検査結果を改ざんしたとして住民から訴追された〕。人々は世界中で、不適切な水処理によって毒にさらされているのだ。

「おえ〜っ」を乗り越えて

　バングラデシュでは、人口の４分の１以上――４０００万人――が公共の給水でヒ素に毒されてきた。フランス南部では農薬で汚染された水を数百万人が飲んでいる。こうした事例があとを絶たないことから、人々は自治体の給水を信頼しきれずにいる。

　複数の研究が明らかにしているのは、水質汚染は目に見えづらく、そのためほとんど気づかれないということだ。２０１６年６月８日付けの『ワシントン・ポスト』紙は、フリントの水危機に光を当てた水質汚染にかんする論説で、このように書いた。「市民は目で見て認識できたり、経験したりした問題に注目しがちだ。……つまり当たり前のように日々接触する水の汚染にはなかなか気づかない

――悪臭がしたり変色したりしているときだけ、苦情につながるのだ」

オレンジ郡はこうした人々の状況をずっと前から理解していた。安全な水を供給するために水道局がおこなっていることが、検査やスクリーニングにとどまらないのはそのためだ。一般への啓蒙はきわめて重要であり、それは――特に汚水にかんしては――実現に至っている。

オレンジ郡衛生局のトップを務めるジム・ハーバーグは、人々や企業に対し、トイレや下水管に流していいものといけないものを周知することが、有毒物質をあらかじめ分離するうえで大きな違いを生む、と語る。衛生局は「What 2 Flush（トイレに流すべきもの）」というキャンペーンを展開している。「単純なことですよ。トイレに流せるのは〝3つのP〟――おしっこ（pee）、うんち（poop）、トイレットペーパー（paper）――だけということです」。衛生局はそのキャッチコピーを周知するため、配布物や地域のイベント、公共の講演会、学校行事などを通して、地域社会へ積極的に働きかけている。

隣接する水道局も、郡内の全人口320万人に水を届けるため、汚水の利用を拡大していきたいと考えている。

「できるだけ多くの水をリサイクルしようと全力で取り組んでいます」とウェーナーは言う。そして雨水や処理済みの汚水などがまだ大量に海に放出されている、という事実を挙げ、それらはほかの自治体によって「捨てられている」と語る。「うちはそうしたくなかった。〝利用しよう〟と考えたのです」。彼らはそうした。今後も継続していくつもりだ。

「リサイクルされた水」という表現は、汚水の再生利用を正確には言い表していない。実際、すべての水道水は、水の分子が地球の水循環に呼応して、分解したり再び結合したりして、自然界のなかでリサイクルされた水だ。大海原から、あるいは山頂から、水はやがて大気のなかへ舞い上がり、拡散し、降水となって地上に戻る。このようにして、山に降った雪はいずれ海に降る雨になったりする――2個の水素原子と1個の酸素原子が結合したH_2Oが、自然界の長いプロセスを経て循環し、新たに生まれ変わるのだ。

しかし「トイレから蛇口へ」という枠組みは、その方程式から自然界とその水循環をほぼ排除している。自然界の水循環では、土砂が有毒物質を濾過してくれるおかげで、飲めるほど清浄な水となる。私たち人間が不純物の除去に対してもっとうまく対処できるようになるかどうかは、時間を経ないとわからない。一方で汚水のリサイクルは、地域社会に対する給水の選択肢のひとつとして、主要都市で高く評価されている。イギリス、オーストラリア、ベルギー、シンガポール、南アフリカ、イスラエル、ナミビアなどが、汚水の再生利用を試験的に導入しているところだ。

著名な思想的リーダーであり、水の利用について主要な企業や自治体に助言をおこなっているウィリアム・サーニは、汚水再生は費用対効果に優れ予測可能なため、将来性は高いと語る。彼いわく、汚水再生の最大の障害は依然として、人々の受け止め方だ。

サーニは水をテーマとした本をいくつか書いている。著書『ウォーター・テック――水業界での投資、イノベーション、ビジネスチャンスへの手引き（*Water Tech: A Guide to Investment, Innovation and*

Business Opportunities in the Water Sector）』では、個人や企業が水のよりよい「管理人」となるためのシステムと方法について、数多く取り上げている。また世界各地で発生する緊急性を要する水への対応についても、執筆したり語ったりしている。しかしその緊急性はさておき、一部の場所では汚水の処理と再利用が膠着状態に陥っている。それは水の清浄度とは関係がない。清浄度そのものに対する受け止め方と関係がある。

干ばつに苦しめられているオーストラリアでは、「下水の飲用に反対する市民（CADS）」という団体が、汚水の再利用計画に対して繰り返し抗議している。団体名を見ればその使命は明らかだ。彼らは人間が下水を飲むことが正しいこととは、どうしても思えない。しかし水の再使用やリサイクルの方法が世界的にも限られるなか、汚水はおそらく私たちの誰もが慣れていかなければならないものに、そして一生のうちに飲まなければならないものになることは間違いない。

将来、私たちが家庭で使う水は、閉ざされた回路のなかでおそらく何度も何度も何度もリサイクルされたものになるだろう。その回路のなかでは、排水口や下水管によって運び込まれた汚水が濾過され、処理され、加熱されて、再び蛇口やシャワーヘッドやホースへと戻る。それと同時に私たちの固形排泄物もエネルギー（バイオ燃料）に転換されるかもしれない。オレンジ郡衛生局はすでにこれを実施しており、年間数百万ドルのエネルギーコストを節減している。

リデュース（ごみの量を減らす）、リユース（繰り返し使う）、リサイクル（再生利用する）の標的は、もはや工業製品だけではないのかもしれない。私たちは排泄物や汚水についても同じ機会を得るのだろう。「おえ〜っ」となる要素は、とにかく乗り越えるしかない。トイレに水を流すことよりも、トイレをどう活用できるかについて考え直さないと、単純に将来、水などの基本的な資源が全員にいきわたらなくなるということだ。

＊　＊　＊

○美味しい水を大気から○

日光をエネルギーに変えるソーラーパネルについてはよく知られているが、日光を水に変える方法を見つけた企業がある。

ゼロ・マス・ウォーター社の「ソース（SOURCE）」というテクノロジーを使えば、日光と大気だけで飲料水が作れる。およそ1.2メートル×2.4メートルのハイドロパネルは、ソーラーパネルに見た目がそっくりで、水を捕集する高度なテクノロジーによって1日当たり最大10リットル――500ミリリットル入りのペットボトル20本分――の水を生成する。

ソースの標準的なセットは、ハイドロパネル2枚と容量60リットルの貯水タンク1個だ。そのシステムは送電網とは完全に切り離されており、太陽エネルギーと小型のバッテリーで稼働する。貯水タンクを自宅の配管に接続し、蛇口に直接水を送ることもできる。またソースは非常に乾燥した砂漠で

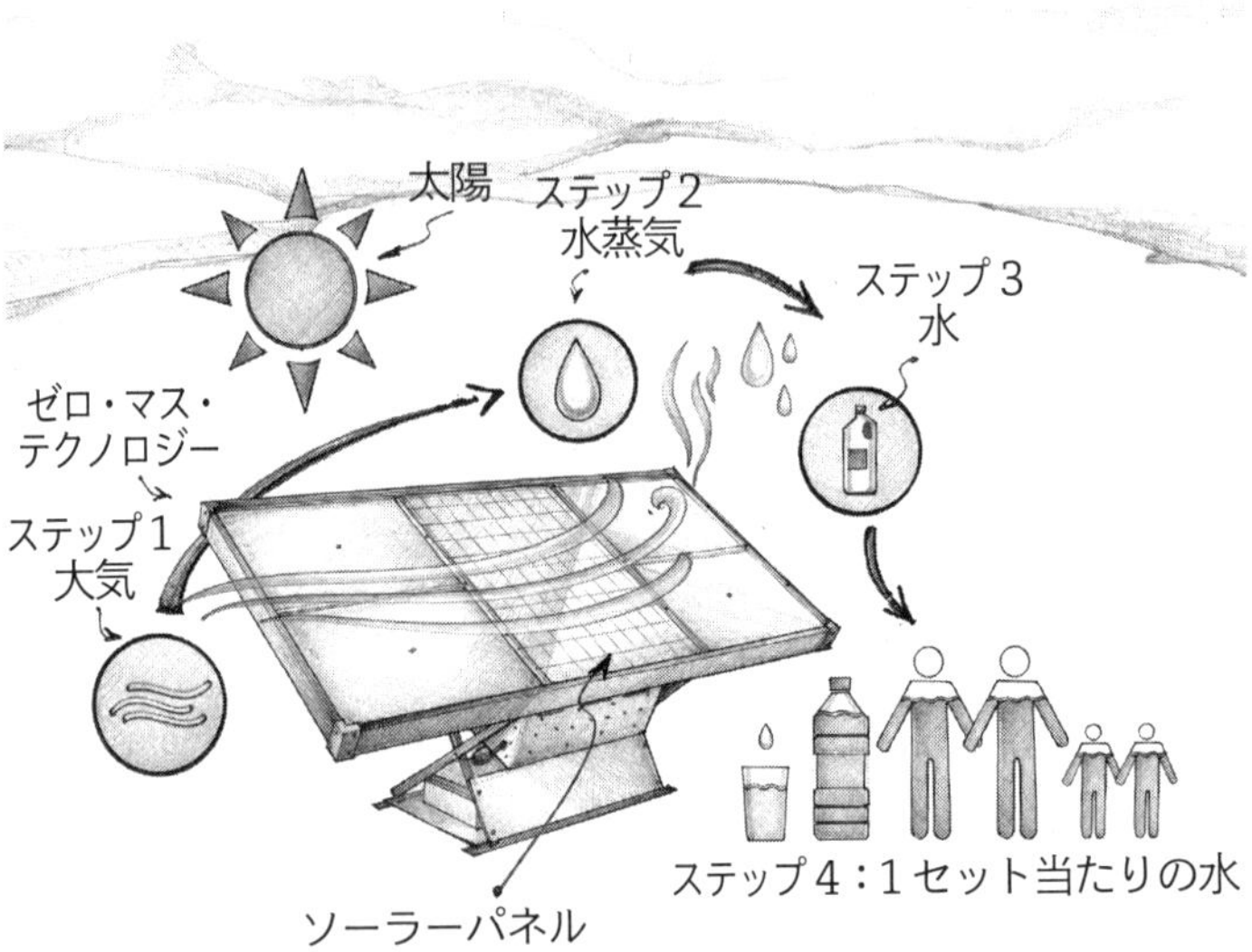

ゼロ・マス・ウォーター社のハイドロパネル

も給水システムとして機能するため、淡水へのアクセスがないコミュニティの状況を一変させるだろう。

世界保健機関（ＷＨＯ）の報告によれば、20億人以上が家庭に安全な飲み水がなく、10億人近くは淡水へのアクセスがまったくない。

ソースは熱力学と材料科学を応用したもので、テクノロジーを制御して水を捕集する。本質的には、ハイドロパネルは大気中の熱と湿気を捕捉して、水を絞り取っている。

アメリカに拠点を置くゼロ・マス・ウォーター社は、飲料水を無限の資源にすることが使命だと語る。また味や品質にもこだわっている。「ソースはカルシウムとマグネシウムを加えた、最高に美味しい水を実現する。水分補給に最適なバランスで電解質を配合し、健康にとってベストな品質の水を蛇口に直接お届けする」と同社は語る。

ソースのハイドロパネルは、先進国の都市環境から田舎のコミュニティまで、世界各地で設置されつつある。初期費用には数千ドルかかるが、長い目で見れば元は取れる。ゼロ・マス・ウォーター社の算定によれば、「15年の使用で、ソースは1日につき（平均で）1ケース、つまり500ミリリットルのペットボトル12本分の美味しい水を、わずか1ドル未満！で提供する」。同社には「ウォーター・フォー・ライフ（W4L）」というプログラムもあり、顧客（あるいは寄付者）は、水を必要とする家庭やコミュニティがソースのシステムを利用できるよう、支援することが可能だ。

空から水をもってくるのに、もはや自然や天気に頼る必要はない。ゼロ・マス・ウォーター社は大気をハックして、降水というステップを軽やかに飛び越え、地上にいる私たちに直接、水を届けている。

○霧のハープ○

霧は地表近くで発生する雲だ。夜が明けると、水粒の集合体が海岸線の近くや砂漠地帯に現れ、漂ったり、変形したり、居座ったりする。気温が上がらず露が残っていれば、大気にはたっぷりと水分が含まれている。

乾燥地の住人にとって、フォッグ・キャッチャー――霧を通過させて水滴を捕集する細かい網――はお馴染みのものだ。網に捕らえられた水滴はしたたり落ちてタンクに溜まる。世界で最も乾燥した砂漠として知られるチリのアタカマ砂漠では、フォッグ・キャッチャーがコミュニティ全体の水源として使われている。現地の人々は余った水でビールを醸造しさえする。アメリカ軍も乾燥地に駐留する部隊で、フォッグ・キャッチャーを使用している。これらはほんの数例にすぎない。

気象条件や場所にもよるが、フォッグ・キャッチャーは1日で数千リットルもの大量の水を捕集することもある。霧は密度にもよるが、1立方メートル当たり0.5〜0.1グラムの水を運んでいる。大きな網を1枚あるいは何枚も張れば、小さな水滴がいくつもの水槽を満タンにする。それでも網はあまり効率的ではない。捕集の過程で多くの水が失われてしまうのだ。

バージニア工科大学の技術者たちはフォッグ・キャッチャーのデザインを見直し、従来の3倍もの水を捕集できる技術を考案した。「フォッグ・ハープ」と呼ばれるその水の収穫機では、垂直のワイヤーだけが使われている。フォッグ・キャッチャーが、垂直と水平の網目構造になっているのとは対照的だ。

彼らはフォッグ・キャッチャーの水平の糸が水滴の流下を妨げていることに気づいたのだ。水平の糸をなくせば、水滴はもっと滑らかに流れ落ちることができる。また、水の捕集を最大化するには、網目のサイズも重要なことがわかった。

「制御された実験室の条件下で、直径の異なる3つのワイヤーを使い、フォッグ・ハープと従来の網目構造のものとで、霧の捕集率を比べた。網目構造のものもそうだったが、フォッグ・ハープは中サイズのワイヤーが最大の捕集率を示した。目の細かいものや粗いものは成績が悪かった」と彼らは報告した。間隔が広すぎると水をじゅうぶんに捕らえられず、直径が小さすぎると水滴が詰まってしまったのだ。

フォッグ・ハープという名称は、ハープのように垂直のワイヤーだけで構成されたその形状に由来する。フォッグ・ハープは干ばつに見舞われた地域で、いっそう素晴らしい音色を奏で始めるのかもしれない。

○中国の世界最長トンネル計画○

中国はいま、世界有数の過酷で乾燥した地域を通過させて水を送る、世界最長のトンネルを造ろうとしている。この1000キロメートルにおよぶ水路は、ヒマラヤ山脈内のチベットを流れる1本の川から中国北西部のタクラマカン砂漠の底まで、待望の資源を送り込むことになる。

伝えられるところによると、砂漠を緑の大地に変えるために年間150億トン——黄河の全流量のおよそ25パーセントに相当する莫大な量——の水を分水するこのプロジェクトは、策定に100人を超える科学者が関与した。中国は10年以内にその巨大トンネルを完成させることを目指している。

灌漑用水が安定的に供給されれば、タクラマカン砂漠は現在の不毛の大地とは正反対の、恐るべき一大農業地帯に化ける可能性がある。

その巨大事業には、1キロメートル当たりおよそ1億5000万ドルのコストがかかると言われている。高度な工学技術のおかげで、断層帯の貫通は以前ほど困難ではない。だがこのトンネルが砂漠の底までたどり着くためには、数千メートルの落差を下り、急峻な峡谷を蛇行しながら通り抜けなければならない。トンネルの区間と区間の間は滝を使って水を流す予定だ。大きなコンクリート管を撓《たわ》められる材料で接合し、吊りあげて連結させる必要もある。掘削、土砂の除去、そして膨大な後方支援業務の問題も、この建設プロジェクトを悪夢にしている。こうした問題にまだ検討を要するため、いまのところ、この人工水路は実現には至っていない。

チベットのヤルンツァンポ川は、長い間、中国から水資源として目をつけられており、19世紀にはその水を利用する実現不可能な計画が存在していた（莫大な量の水を数千メートル流下させれば、その通り道にあるほぼすべてのものは破壊されるため、これまでうまく扱うことができなかったのだ）。現在では、イノベーションやコンピューターモデル、最新の機器のおかげで、トンネルは現実味を増している――いや、おそらく実現できる。計画は依然として青写真の段階にあるが。

ヒマラヤ山脈の融雪とモンスーンの降雨から生まれるヤルンツァンポ川は、インドの強大なガンジス川を始めとする無数の川や小川に水を注ぐ。川の水が複数の国を流下していくことから、このメガトンネル計画は政治的に大きな物議を醸している。チベットは厳密には中国の一部だが、自治区であり、その主権は長年にわたり論争と紛争の的となってきた。さらにこの源流域での分水が、中印関係を緊張させることは間違いない。また、地質学的な問題もおぼろげに浮上しつつある――このトンネルはドイツとほぼ同じ面積の、大半が居住不可能な土地を、開発や居住が可能な肥沃な谷へと変えることになるのだ。

このトンネルが実現可能であることを確かめるため、中国は現在、別の長距離トンネルを中国南西部の雲南省に建設中だ。それにより、そびえ立つ高原から雲南省の乾燥地域への送水が実現する。

中国政府の野心的な成長戦略を支えるため、国全体で数百もの大規模な水関連のプロジェクトが始まっている。中国はその地勢を作り変えることで、より高い生産性とより強い経済力を獲得しようとしているのだ。

タクラマカン砂漠の改造は、相当な離れ技だ。トンネル建設自体が工学的偉業であることもひとつだが、タクラマカン砂漠は中国最大の砂漠であり、世界最大級の「砂の海」である。そのような広大な砂《すな》砂漠を有用な土地に変換すれば、気象に影響する自然界のさまざまな現象が、どこでどのように起き、発達するかが変わるだろう。いや、変わらないのかもしれない。

第13章 持続可能な都市の実験場

100パーセント再生可能エネルギーで

地球の気温が0.5度上昇するごとに、悲惨な結果が引き起こされる。1.5度上昇すれば、地球はサハラ砂漠並みの激しい熱波を慢性的に経験するようになる。3度の上昇ともなれば、アマゾンの熱帯雨林は崩壊し、氷河の融解はいっそう速くなり、北極圏には森が育ち始めるだろう。炭素排出量が削減されなければ、理論的には気温はさらに上昇する可能性がある。それは破滅のシナリオだ。都市はスモッグと汚染に覆われ、病気が蔓延し、淡水の調達は干ばつで困難になり、食料は乏しくなり、悪夢のような交通渋滞が起こり、海洋生物は次々と死んでいき、激しい嵐が多くなって異常気象が慢性化し、洪水はコミュニティを内陸に押しやり、資源の乏しい土地は住む場所の選択肢には入らなくなる。

国連の気候変動に関する政府間パネル（ＩＰＣＣ）の報告によれば、現状では２０３０年までに炭素排出量の45パーセント削減――ほぼ不可能な偉業――がなされない限り、1.5度の上昇は確実に起きるという。つまり、私たちは将来の暮らし方を再考しなければならない、ということだ。敵対的になっていく新たな自然環境に適応し、住みやすい都市を創出せざるを得なくなるのだ。これにより、都市プランナーや建築家、開発業者は、都市景観とサービスの再設計を余儀なくされる。

アラブ首長国連邦の首都アブダビでは、そのような再設計がすでに始まっている。ここでは著名な建築家であるノーマン・フォスター卿が、世界の未来都市のプロトタイプを作るためのプランを策定してきた。それはマスダール・シティと呼ばれており、5万人が居住し、1500の企業が拠点を置くおよそ6.5平方キロメートルの開発地である。2025年までに完成する見込みだ。すでに2000人が移り住み、そこを我が家《ホーム》と呼んでいる。彼らは未来の住人だ――気候入植者、と呼んでいいだろう。過酷なアラビア砂漠の一角にある極端な環境で暮らしているにもかかわらず、繁栄している。生活をより快適にするために、空気も水も、エネルギーや食料も、すべて操作されたり、工学的に作り出されたり、作り変えられたりしている。たとえば建物は適温を保てるよう、太陽とうまく折り合いをつけながら戦略的に配置されている。スマートウィンドウは太陽エネルギーを捕まえ、地下の蓄電池に送り込む。エアダクトが風の向きを変えて、室内を冷やす。電源のスイッチはなく、天窓が自然光を採り入れる。必要なときは動作感知器がLEDライトを点灯させる。水はリサイクルシステムから供給される。食料を生産する農地や垂直農法の試験場もある。街全体がインターネットに接続されている。自動運転の電気シャトルが人々を載せて走り回る。緑の公園も豊かにある、といった具合に。

マスダールは、人間が自然に加えてきた危害を和らげ、太陽エネルギーを徹底的に活用するために特別に開発された、世界で唯一の都市だ。その裏には、ほかの都市がマスダールから刺激を受け、その工学技術や設計を真似したり、気候に影響をおよぼす製品の真価を見極めたりしてほしいという思いがある。

マスダールとは実のところ、アブダビ首長国政府が運営するムバダラ投資会社の子会社の名前だ。マスダールの建設計画は、アブダビのみならず世界中でクリーンエネルギーのイノベーションを前進させることを目的として、2006年に始まった。それは産油国であるアラブ首長国連邦にとって、もし「ピークオイル〔世界の石油産出量の頂点。その後、生産量は減少の一途をたどる〕」の観察筋を信じるのであればいつかは枯渇する、あるいは、もし世界が化石燃料から脱却すればいつかは依存できなくなる、その莫大な石油埋蔵量に頼らずに多角化するための重要な移行となる。

マスダール・シティは実地の実験場として、また環境に配慮した持続可能な都市開発に向けた確かな一歩として、始まった。その使命はこれまでも、そしてこれからも、再生可能エネルギーの商業的可能性を実際に示してみせることだ。

この街を現実のものとするために選ばれたのが、フォスターとロンドンに拠点を置く彼の建築事務所、フォスター・アンド・パートナーズ社だった。フォスターは世界各地で大きな脚光を浴びるプロジェクトを手掛けてきた当代屈指の建築家だ。建築界の最高名誉とされるプリツカー賞の受賞者で、ハイテク感覚と持続可能性を融合させた注目度も評価も高い数多くのプロジェクトに携わってい

マスダール・シティ

る。なかでも有名なのは、スティーブ・ジョブズとともに取り組んだ、カリフォルニア州クパチーノのアップル本社のキャンパスだ。さらに目を奪われる彼の作品のひとつに、「ガーキン」の愛称で知られる（ビルの形状がガーキンという、ピクルスに使われる小さいキュウリに似ているため）、ロンドンにあるスイス・リー社のビルがある。

エレガントで80代のいまも国際的に活躍するフォスターは、夏をアメリカで過ごした後、現在はロンドンの事務所から私の質問に答えてくれる。マスダールのプロジェクトが特別なのは、「1960年代後半からわれわれを駆り立ててきた、建築と持続可能性にかんする多くの問題をひとつに集結させたコミュニティを実現できるからだ。限界を押し広げ、前提に疑問を投げかけ、化石燃料を使わず太陽エネルギーだけで暮らすかもしれない未来の新しい生活様式について考えるために、先見性のあるクライアントと働けたのは光栄だった」と彼は語る。ちなみにマスダールが完成するまで、あるいは太陽エネルギーで100パーセント電力をまかなえるようになるまで、まだしばらくかかる。この街は、大胆なこと、新しいこと、そしてひょっとすると未来のことが、過去に対する美しい賛意とともに、奇妙に混ざり合っている。

革新的テクノロジーと伝統の融合

邪悪な砂嵐がちょうど通り過ぎたところだ。視界は悪く、遠くにあるものはほとんど見えない。いたるところが――車道も歩道も、建物や設備の上も――砂塵にまみれている。この砂埃と石と鋼鉄の混合物から、マスダールは生まれた。それはアブダビ郊外のまさにオアシスだ。石油生産による利益を背景に、別の種類の壮麗さを目指して建設された都市に囲まれた、持続可能なコミュニティである。

空港に隣接する小さな道路を下っていくと、マスダールの場所を示す小さな標識が現れる。しかしそれ以外、この未来都市の在りかを感じさせるものはほとんどない。ある明るい夏の朝、その街を訪れる。最初に目に入るのは住宅だ。6階建ての白い建物で、カラフルなパネルが不規則に配置されており、各ユニットの窓は縦に細長い。これらはマスダール工科大学に通う学生用の住居だ。彼らも将来、役割を担うようになる――勉学に励むだけでなく、持続可能性の分野で創造性を発揮したり、新機軸を打ち出したりするよう鼓舞されているのだ。

建設機器が至るところにある。ヘルメットとオレンジ色のベストを着用した作業員たちが姿を現す。広げられた建設計画書のページがぱたぱたと風にはためいているのは、現場監督たちが資材の置き場を配置図で確認しているからだ。気温が44度にもなるというのに、この街は労働者や学生、企業の幹部でにぎわい、外交の代表団も来訪している。彼らは自国で導入できそうな持続可能性のアイデアを吸収しようとしている。

駐車場は満車だ。屋根があるため、日射しを避けて駐車できる。明るい色の通路のきらきらした材料に導かれて、駐車場から短い階段を上り、エントランスに入る。階層はこの上から始まる。建物は杭の上に建てられているのだ。この床下の空間のおかげで、涼しい外気が循環できる。人はこの通路を伝って構造物から構造物へ、じりじりと照りつける太陽の熱に当たらずに徒歩で移動できるようになっている。フロリダで暑い夏の日に屋外に出たら感じるような熱を、ここではさほど感じない。中東の熱は人を丸飲みにして、窒息させる。熱を避けることとは、絶え間ない戦いなのだ。

マスダールは実際のところ都市ではない。それは商業の中心地というより、大学のキャンパスに似たコミュニティだ。マスダールの設計チームを率いるクリス・ワンは、「都市」と称するのは翻訳による誤用だと語る。その単語はアラビア語では、都市とコミュニティのどちらの意味にも使われるのだ。事実、ここには強い共同体意識が確かにあるように感じられる——人々は同様の目的に向かって努力し、それが最終的に未来生活のモデルとなるのだから。

もちろんマスダールでの進歩のすべてが、ほかの場所で導入されていくわけではないだろう。ここは地球上で唯一無二の場所だ。フォスターは、それぞれの都市はそれぞれの文化や地理が形作る特異な存在であり、都市のデザインにはすべてに当てはまる万能の解決策はない、と語る。マスダールの産業や文化や慣習は、たとえばニューヨークやロンドンのものとはずいぶん異なる。しかしより一般的な持続可能な実践や計画や製品なら、採り入れることは可能だ。

電子機器からキッチン家電まであらゆるものを生産するドイツのコングロマリット、ボッシュ社は、ここの建物のなかで同社の「クライメーション」という解決策を試験的に導入している。これは人工知能を使って空気の混ざり具合を最適化し、空調と換気をはるかに効率的かつ効果的におこなうテクノロジーだ。その結果、エネルギーを最大30パーセント節約できるため、当然ながら二酸化炭素排出量の削減につながる。またマスダールでは、窓にはスマートガラスとして知られる、太陽の強さに応じて透明や半透明に変化するエレクトロクロミックガラスが使われている。建材自体にさえエコロジカル・フットプリントが考慮されている。製造の際のエネルギー消費が比較的少なく、リサイクルしやすい亜鉛が屋根に使われていたり、再生可能な資源である木材が構造に使われたりしているのだ。建物の形状も重要だ。ナレッジセンターは野球帽のような形状になっていて、日光は側面で遮るものの、光と空気はひさしの下を通り抜けることができる。

都市をゼロから設計するにあたり、早急にやるべきことのひとつは、なにより都市としての形をもたせることだ。建物の形状の話はそのあとだ。マスダールは大小2つの正方形の土地で構成され、街路は主に北西─南東の方向に走っている。その土地を最大限に活用するため、太陽、日陰、風、徒歩での移動のしやすさが考慮されている。

マスダールは全体に赤みを帯びている。地元の砂が建材に混ぜられていて、焼いた粘土のように見えるのだ。モザイク模様が美しい街路には、多孔質の材料が使われており、かろうじて識別できる隙間から水が捌《は》けるようになっている。さらに目を引くのは、立ち上がるテラコッタ色の建物だ。3～4階建てで、屋上にはソーラーパネルが設置されている。しかしそれらの建物はまるで芸術作品だ。バルコニーは、相前後して優雅な曲線を描く壁で囲われており、両端に大きな開口部がある。そして複雑で繊細な切り抜き模様があしらわれていて、空気が通り抜けられるようになっている。これにより古代ペルシャのウィンドタワー（採風塔）と同じように、そよ風と日陰の両方を得られる。自然に空気を採り込み、内部の空気を撹拌するのだ。

建物自体は互いに近接して建てられており、そのおかげで通りや路地に日陰が生まれる。空調設備のない砂漠の古都は、スマート・デザインを活用していた。人間の英知によって、厳しい自然環境を克服して暮らしていたのだ。フォスターはこの地域で数か月を過ごし、古都が自然の猛威とどのように闘っていたのかを調査した。そして昔の建築技師たちから着想を得て、当時をはるかにしのぐ高度な街を構築することにした。マスダールは適応とレジリエンスを前提として造られている。それは過酷な気候を生き抜くための場所なのだ。

「気候変動は人類全体に影響をおよぼす現象であり、誰もがみな環境に対する責任を共有している。マスダールはわれわれが知る限り、太陽エネルギーによって1日24時間年中無休でコミュニティ——この場合、エネルギー集約型の科学研究施設——を維持する方法を探る、世界で唯一の実験なのだ」とフォスターは語る。

もちろん自然は太古から、砂漠や山岳、ジャングルや荒れ狂う海域など、とりわけ特定の場所で、その脅威を私たちに向けてきた。邪悪な自然のなかで暮らし、襲ってくる最悪の気象や気候を生き延びる方法を長年考え続けてきたコミュニティから、フォスターは賢明にもヒントを得たのだ。

「われわれの出発点は、地域のコミュニティが歴史的に——スイッチを押すだけでエネルギーを安価に利用できる時代の前に——どのようにして苛烈な砂漠の気候を和らげていたのかを知ることだった。その土地固有の歴史や伝統を学ぶと、通りや建物に自然と日陰が生まれるよう、かなりコンパクトな街造りがなされていたことがわかる。コミュニティはそよ風を採り入れるように、また砂漠の地面からいくぶんかさ上げして、上方に伸びるように造られる傾向があった。集落の内部を詳しく見てみると、日陰、屋外の空間、緑樹の組み合わせに加え、池が気化冷却の涼しい空気をもたらしていることや、屋内に入ると、比較的大きな家には上空の涼しいそよ風を採り込む採風塔が接続されていて、ひんやりとした空気を住居内に引き込んでいることがわかる。室内の美しく繊細な装飾も、高度にプライバシーを保ちながら、外の景色を額に収めている——非常に美しい伝統だ」

「われわれはこうした学びをマスダールに応用した。日陰や水や、ある程度の親密さ――いずれも観光コースに含まれる村や町と関連づけられそうな属性――を採り入れ、昔から存在する砂漠の集落のような非常に防御的な設計にしている。そしてこれを、ラボの外壁に使われている断熱性の高いETFE（テトラフルオロエチレンとエチレンの共重合体）のクッションや、環境にやさしい再生可能エネルギーで街全体に電力を供給する10メガワットのソーラー発電所など、最先端の革新的なテクノロジーと融合させた。つまりマスダールの建物は、過酷な砂漠の気候に対処する新たな建築の形を、現代の機能を取り入れながら進化させるために、革新的なテクノロジーと伝統的な手法を融合させているのだ」と彼は熱く語る。

国連も昔から伝わる土地固有の知識について調査に乗り出している。国連防災機関（UNDRR）は、過酷な環境下で人々が――何世紀もの間――どのように建築し、適応し、生き抜いてきたのかを解明するため、土着の文化を研究しているところだ。たとえばフィリピンの一部のコミュニティでは、波の形状、海のにおい、雲の色、動植物の反応といった自然のシグナルを、台風の警報システムとして頼りにしている。また、レジリエンスを念頭に、耐性のある材料を使って高台に集落を作っている。彼らは高潮の高さや浸水地帯だけでなく、卓越風についても気を配っている。

ここアブダビで人々が細心の注意を払うのは、太陽、砂、風、そして淡水の在りかだ。未来のための構造物を建築するということは、気候の歴史だけでなく気象の未来も考慮するということだ。

ワンは、自分のチームはフォスターの詳細な設計を認めながらも、独自の修正を加えていると語る。彼らは現実の問題に対処するために、実際の建設や工事に対して包括的なアプローチを取る。「高性能の建物は美意識と快適性と、使われる資源に配慮する必要がある」と彼は言う。それは最初から、多様な要素が結びつき調和した、統合された設計プロセスなのだ。

彼がマスダールで10年以上を過ごして学んだことは、スマート住宅もイノベーションもテクノロジーもすべて、あるひとつのこと、すなわち〝目指すべき都市の姿〟に比べれば二の次だ、ということだ。「本当の実験は、目に見えているものではなく、そのプロセスなのだ」とワンは語る。

都市の設計は協働のプロセスであり、最も難しい課題は各分野のすべてのキーパーソンを教育し、全員が目標に対して同じ考えをもつようにしておくことだ。建設、エンジニアリング、景観設計、インテリアデザイン、照明、音響など多くの分野がかかわっているからだ。

マスダールは、環境、社会、経済という3本柱を中心に構築されている。すべてのプロジェクトは経済的に理にかなうものでなければならず、そうでなければ実行されない。これによって、学術的訓練としてのみではない、ほかの場所でも再現可能な建物や設計のモデルが作り出される。

環境に配慮した建築にはこれまでずっと5〜15パーセント多く費用がかかってきた、とワンは言う。「だから環境にやさしい建物にはコストがかかるはず、と思ってしまう」。しかしマスダールの建設予算は通常の設計と変わらない。「われわれのやり方そのものが、業界の規範への挑戦になる」。だからこそ、彼が先に話した、高度なプランニングが鍵を握るのだ。

マスダールは人を中心とした街であり、これが大切なのは、徒歩を重視しているためだ。だが気候を考慮しなければならない。たとえば街の中心部と住居の距離は、汗をかかずにどこまで行けるかによって算出する。

昔の建物を見ると、壁が厚く（断熱のため）、窓が小さい（焼けつく太陽の熱を遮断するため）。しかし革新的なプランニングは、こうした方策を現代にもちこむ。ワンによれば、建物全体に対する開口部の割合は30～40パーセントが適切だ。それより少ないと室内が暗くなりすぎ、多いと熱くなりすぎる。彼は、巧みな工学技術を使って現代のノウハウを組み合わせ、伝統的な知識を最適化している、と語る。これは材料の選定にも関係する。確かに亜鉛と木材には、先述したとおりの特性がある。しかしそれらは地元産だろうか？　炭素の排出量やフットプリントのためには、商品の輸送についても考慮しなければならない。たとえばコンクリートの場合、マスダールはできるだけ多くの再生コンクリートを使用している。しかし地元からの供給は少ないため、わざわざ遠方から調達することはせず、足りない分は新しいコンクリートを使用している。

水の使用については流水量を減らすことによって管理している。マスダールでは現在、貯水の可能性を試みている。たとえば再利用源として、空調の結露を捕集している。グレーウォーターや汚水のリサイクルについては、すでに実施済みだ（グレーウォーターとは、シンクやシャワー、浴槽、洗濯機で使用された水のこと。ちなみにブラックウォーターはトイレから排出される水のことだ）。

それらはどれも、環境保全のために世界中で広く用いられている簡単な手段だ、とワンはあえて言及する。マスダールが目指しているのは、水をより適切に貯留したり再生したりする――あるいは、いっそ水を使わずにやっていく——テクノロジーだ。ほかにも、建設廃棄物をリサイクルするとか、もちろん、可能な場所ではさらにもっとエネルギーを節約するといった措置を講じている。つまり需要を減らし、再生可能な供給品を使う、ということだ。これが、建物がまずパッシブデザイン〔できるだけ太陽光や風などの自然エネルギーを利用して快適な建物づくりを目指す設計手法〕で造られ、テクノロジーは後から追加される理由だ、とワンは語る。

変化に適応できる柔軟な都市へ

廃棄物、水、エネルギー——環境の持続可能性の3つの柱——にわたる節約の実現方法を概念化するため、ワンのチームはまず通常の建築物を設計し、その後、それらをどうやって改良していけるかについて、根気強く話し合った。ワンによれば、その話し合いの段階が大変だった。設計は比較的容易だ。このようにあらかじめ話し合っておくことによって、建築家は実際にどう設計すればよいかがわかり、それを砂漠という特殊な環境に合わせて機能させることができた。この方法により、概念的ではない、地に足の着いた設計が可能となる。

それはフォスターの見解とも合致する。「マスダールは最初から、そこのラボで開発されるテクノロジーの実験台でもあると考えられていた。われわれのマスタープランは、こうした進歩に柔軟に適応する」と語り、開発の次の段階ではマスダール工科大学のキャンパスから得られた知識を活用していく、と言い添える。「われわれも自らのプロジェクトから学んでいるのだ」

この流動的な都市デザインのモデルは、時間の経過のなかで知見を得ながら、より合理的な要素を組み込んでいくことが可能だ。地下の輸送システムがその好例だ。元の技術を超えるものが現れたため、計画が変更されることになった。いまは「人の移動」のために自動運転のシャトルが地上を走る。あるいは太陽エネルギーについては、1か所のソーラー発電所から大量のエネルギーを送電するよりも、ソーラーパネルを建物の屋上に配置したほうが効果的なことが判明した。これは地域の利益にもなる。政府の公共事業政策のもと、個別の住宅が生み出した余分なエネルギーは、その住宅のエネルギークレジットとして繰り越すことができるからだ。これは住宅の所有者にとって大きなメリットであり、エネルギーをもっと節約しようという気持ちにさせてくれる。

食料についても大きな実験がおこなわれている。持続可能な農業――干ばつに襲われる砂漠では、途方もない難問――を試行中だ、とワンは語る。垂直農法も取り入れ始めたが、ひとひねり利いている。マスダールは垂直農法の作物の列を、壁面の緑化や日よけの装置として活用しようとしているのだ。「ひとつのことに複数の仕事をさせようと考えている」とワンは言う。

マスダールは1～2年以内に、緻密に練られた独自の食料安全保障計画を作る予定だ。

フォスターは、時間の経過とともに変化に適応できる、柔軟な都市をデザインすることが重要だ、と語る。「マスダールのデザインはこれから変化していくテクノロジーに適応できるよう、わざと自由なものにしている。それは未来に向けた持続可能な都市のモデルを創出するため、自然と協働し、伝統から学び、クリーンテクノロジーの進歩を活用する、ひとつのアプローチの実例を示しているのだ」と彼は言う。

だがそれはうまくいくのだろうか。

ワンは、巨大なテーブルの周りを歩いている。そこにはミニチュアの建物や道路、公園や公共エリアが一望できる、マスダールの全体模型が置かれている。私たちがいま居るのは建物のロビーのひとつ下の階になるが、床から天井まで届く窓と、屋外と地下広場に出られるドアがある。直射日光が入らないため気温は涼しく保たれている。最初の自動運転車——段階的に廃止されるもの——がドアのすぐ外に停められている。

オフィスは青みがかったグレーの配色も装飾もありきたりで、もしあの自動運転車がなければ、どこかのビジネスパークにいるのとほとんど変わらない。しかしここは砂漠だ。西洋的な感覚がごく最近になって受け入れられてきた、異国情緒あふれる場所なのだ。

痩せ型で眼鏡をかけたワンは、快活に話す。香港からやって来た彼は、このプロジェクトに情熱を燃やしている。その空間と設計に対する認識は、過密という課題に根差している。香港はわずか1100平方キロメートルほどの土地に750万人がひしめき合い、人口密度は1平方キロメートル当たり7000人にせまる、世界有数の過密都市だ。

著名な建築デザイナーであるウィリアム・マクダナーも香港で育った。彼もその経験が環境に対する見方を形作ったと話す。マクダナーは「ゆりかごからゆりかごへ」という概念を生み出した。それは、すべての製品が再利用されたり、あるいは別のものに何度も何度も生まれ変わったりできるように（ゆりかごから墓場へではなく、ゆりかごからゆりかごへ）、初めからリサイクル可能で、持続可能な材料で作る、というアイデアだ。

マクダナーがマスダールを訪れたときには、ふたりとも香港で暮らした経験があったおかげで意気投合したと、ワンは話す。圏外の資源に乏しく、巨大な人口が大量のモノを要求する香港で、「リデュース、リユース、リサイクル」というスローガンが広まったことは、少しも驚くことではない。

都市圏外の資源に依存する過密な都市生活は、好むと好まざるとにかかわらず、私たちの未来の環境だ。これ――私たちのニーズを満たすために、自然を欺きながらイノベーションの島の上で暮らすこと――が大多数の人々の生き方になっていく。気候にかかわるイノベーションがうまくいくかどうかは、時間と、私たちが気候変動に対してどれくらい積極的に、あるいは消極的に行動するか次第だ。それは文字どおり、程度の問題となるだろう。

未来のために構築される街をゼロからデザインする、というのは千載一遇のチャンスだ。フォスターもこのことを理解しているからこそ、マスダールのプロジェクトと成果にそれほどまでに熱心なのだ。彼は未来に対する自らのビジョンに従い、未来の地図を描こうとしている。胸の内には感謝と希望が、そして思慮深さがある。そして数十年にわたる経験を言葉に表し、生涯かけて生み出した作品群に勝るとも劣らない、エレガントな結論をまとめあげる。「私は最近の一般講演では、最後に未来都市のビジョンをいくつか紹介している。いまから50年後のニューヨークやロンドンやサンフランシスコの姿だ。それらは環境への配慮がなされた、快適で柔軟な、人間——自動車やインフラではなく——を中心とした街だ」

「私がよく指摘するのは、これらの姿は私が若かりしころのSFの要素に満ちている、ということだ。それは希望的観測でも気まぐれな空想でもない。たとえば、かつての地域の図書館や映画館、カメラにタイプライター、電話や郵便ポスト……これらすべてのリソースや建物が保有するコンテンツや能力が、手のひらに収まるひとつの装置——スマートフォン——に集約されるなど、いったい想像できただろうか？」

だがフォスターが言及するモノは、いわばぜいたく品である。現在の私たちが再考していく未来は、必要にせまられ、強いられていくものだ。気候変動に適応するための時間は短くなりつつある。私たちは新たな現実に向き合っているのだ。都市——最も密集した集団生活の形態——は、レジリエンスへの道を開くことができる。いや、開かねばならない。

人類は決して、野生の生活に戻ることはないだろう。私たちは地球上の大半の人が暮らす都市共同体——コンクリート・ジャングル——を作り上げたのだから。しかしそれは、終点ではない。人間が創意とイノベーションによって手に入れた、自然を操作する力は、大胆で新しい生き方をいま作り出そうとしているのだ。

若かりしころのフォスターは、スマートフォンなど想像すらしなかったかもしれない。私たちは、未来の「スマートワールド」の姿を想像できるだろうか？　新たな気候の始まりに向かって、私たちにはどんなことが可能で、どんなふうに進路を修正できるのかを、本書が垣間見せられたのなら本望だ。

＊　＊　＊

○NEOM：ポスト石油時代の都市○

NEOM《ネオム》（ラテン語で「新しい」を意味する「NEO」と、アラビア語で「未来」を意味する「Mustaqbil」の頭文字「M」を合わせた造語）は、石油依存から軸足を移し、世界のなかでの地位を確立しようとするサウジアラビアの試みだ。テクノロジーとイノベーションの粋を集めて披露する5000億ドルの都市建設計画で、世界最先端の都市環境をデザインするための、そしてサウジアラビアを未来の主役として位置づけるための、大胆な企てである。NEOMいわく「世界で最も野心的なプロジェクトであり、新しい生活様式のために構築されるまったく新しい土地」だ。

サウジアラビアによれば、NEOMは国家のなかの「国」として、独自の税法と労働法に則って運営される予定だ。2万5000平方キロメートルを超えるそのモデル都市は、前例のない規模で展開される持続可能な生活への新たな青写真であり、そこでは人間の創意工夫によって、人類文明の刺激的な新時代が形作られるという。都市の建設はもとより、発展途上のサービス分野――宅配から、病人の介護や困窮者の世話に至るまで――でも、ロボットが積極的な役割を担うとみられる。人工知能も３Ｄプリンターも、仮想現実やスマートデバイス、ＩｏＴ（モノのインターネット）もすべて活用される見込みだ。

アーティストが描くＮＥＯＭの予想図は、確かにクールだ。緑地や橋や水路の外側に弧を描くように建ち並ぶやや小さめの白い建物群を背景にして、光り輝くガラスの高層ビルが、すっくと立っている。

ＮＥＯＭは、エネルギー、水、食料、バイオテクノロジー、製造、技術、可動性、スポーツ、観光、エンターテインメントとカルチャーとファッション、メディア、デザインと建設、サービス、健康と福祉、教育、居住適合性の16の部門で未来を切り開こうとしている。このポストモダン開発は、サウジアラビア北西部のタブーク州――紅海を挟んでエジプトの対岸に位置し、ヨルダンとの国境に近い地域――でおこなわれる予定だ。

もしこの都市がスケジュールどおり構築されれば、それは急ごしらえの未来となるだろう。ＮＥＯＭは２０２５年の開業を目指している。

○ハイパーループ○

ボストンからニューヨークまで26分、ドバイからアブダビまで12分、ロサンゼルスからラスベガスまでは30分で到着する。これを可能にするのが「ハイパーループ」だ。時速１０００キロメートルもの猛スピードでびゅんびゅん走る。もっと高速のバージョンすらある。

ハイパーループは、人や貨物を載せたカプセルをチューブ内で猛スピードで走行させる、重力に抗うテクノロジーだ。真空という摩擦のない輸送環境を作り出すため、密閉したチューブを使用する。カプセルは浮いているため、かつて気送管《エアシューター》で建物内を駆け巡っていた手紙や文書のように、チューブのなかを疾走できるのだ（とはいえ、ハイパーループと気送管の技術は大きく異なる）。

ハイパーループのアイデアは、高名な起業家イーロン・マスクが世に広めた。現在では複数のバージョンが存在する。「ハイパーループは減圧したチューブと、そのチューブの全長を低速と高速の両方で走行するカプセルで構成される。圧縮空気と揚力によって生まれる空気のクッションでカプセルを浮上させ〔当初検討されていたこの方式は、困難な問題が多く、現段階では破棄されている〕、減圧したチューブ内とカプセル本体に配置された磁石によって、超電導リニアのようにぐんぐんスピードを上げる。乗客はチューブの両端、あるいは途中に設けられる駅で乗降することになる」とマスクは説明する。彼の最初の事業計画概要やアイデアの要旨、デザインなどはすべて公開されている。実際、ハイパーループのテクノロジーはオープンソースだ。つまり誰でも挑戦できるし、アイデアを拝借してアレンジしてもいいということだ。

伝えられるところによると、マスクがハイパーループというアイデアをぶち上げたのは、ロサンゼルスからサンフランシスコまでの交通手段に不満を抱いていたからだ。移動時間や費用、利便性などさまざまな理由で、どの手段にもうんざりしていたのだ。ハイパーループは移動の無駄を省き、度肝を抜くほど高速の移動手段を安価に提供することになる。ほかにも利点がある。気候に悪影響をおよぼさないのだ。ハイパーループはソーラーパネルで自己発電する。

とはいえハイパーループが地球に対してすることも、あるにはある。地面を掘り起こすことだ。チューブを敷設するには、始点と終点の間にトンネルか支柱が必要なため、地面を掘らなければならない。

飛行機に乗るための煩雑な手続きや、たいして速くもない列車の技術、自動車の交通渋滞の問題を考えると、ハイパーループは理想的な移動手段となる。

ハイパーループのテクノロジーにも、もちろん課題はある。チューブ内を時速1000キロメートルという音速にせまる猛スピードで駆け抜ける、ということがひとつ。もうひとつは土地の取得だ。さらに資金調達の問題もある。そして安心安全の問題も、長い課題リストに加わる。それでもハイパーループは、地球上のある場所から別の場所へ、人やモノをかつてない速さで移動させる新たな手段を生み出す。自動車、飛行機、船舶、列車に加え、第5の輸送手段を人類にもたらすのだ。

マスクが言うように、「本物の瞬間移動《テレポーテーション》が実現すればもちろん最高だ（誰か、ぜひともやってくれ）が、超高速移動の唯一の選択肢は、地上か地下に、特殊な環境をもつチューブを構築することだ」。

その次は、ひょっとするとテレポーテーションなのかも？

○空飛ぶ自動運転タクシー○

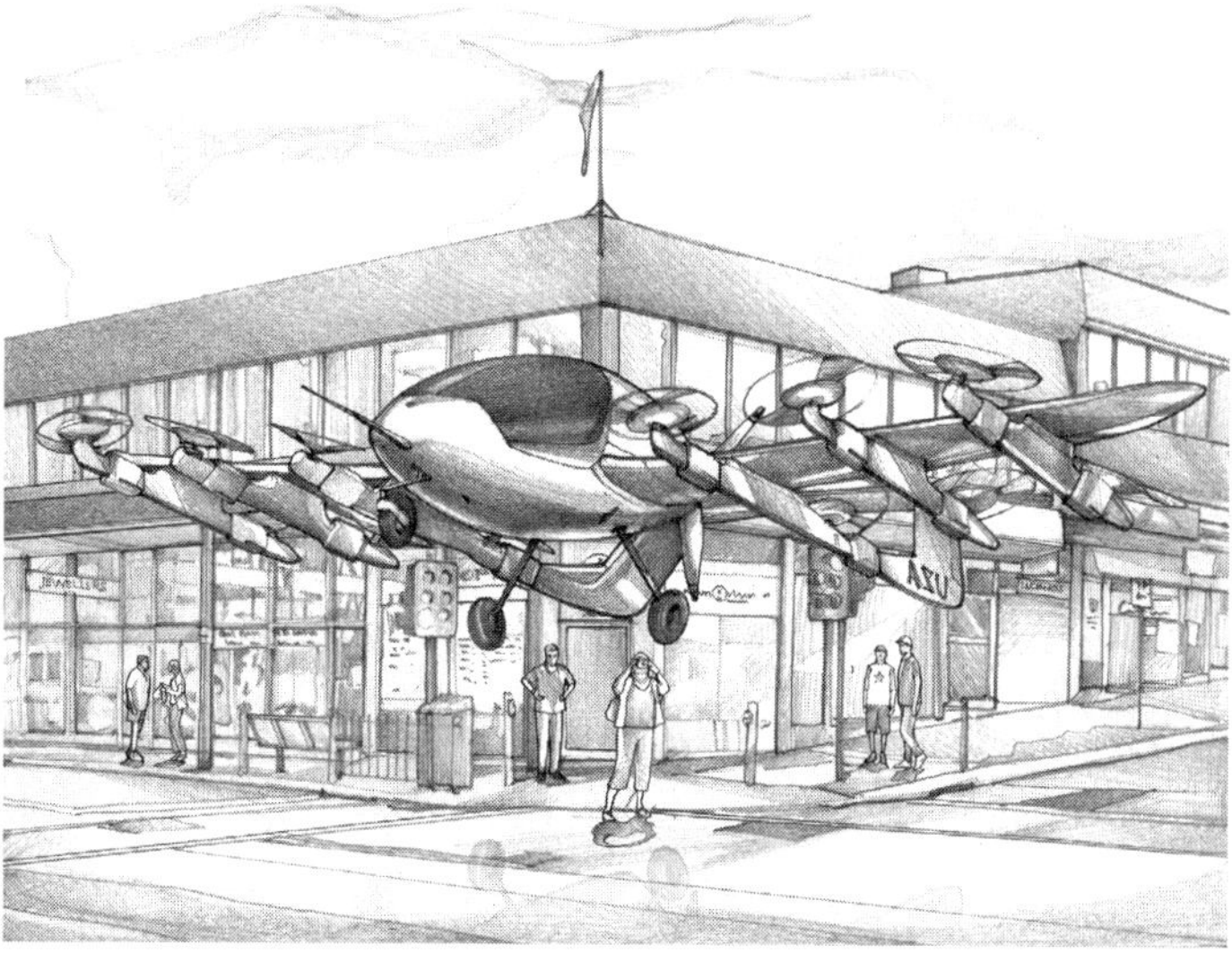
キティホーク社のコーラ

私たちは未来について語るために、よく過去に言及する。いまも多くの人が未来の暮らしを描写するツールとして、1960年代前半のテレビアニメ『宇宙家族ジェットソン』を引き合いに出す。彼らは空中に住み、空飛ぶ車で動き回っている。
グーグル社のラリー・ペイジが設立、出資したキティホーク社は、ライト兄弟がノースカロライナ州キティホークで空を飛んだ象徴的な歴史を想起させる。そう、ペイジのキティホーク社は、空飛ぶ車と空飛ぶ自動運転タクシーを開発しているのだ。
「1903年、ライト兄弟はノースカロライナ州のキティホークの海岸で初飛行に成功した。現在我が社はカリフォルニア州で、彼らの遺産を礎に、日常的な飛行を目的とした次世代の乗り物を製作している」というのが、そのかなり秘密主義的な企業が説明する、同社の使命だ。

キティホーク社には、身近な場所を自分専用の空港に変える、全電動飛行機のモデルが複数ある。そのひとつが空飛ぶタクシー「コーラ（Cora）」で、ヘリコプターのように離着陸するため、滑走路が要らない。これにより、屋上や駐車場のような場所が離着陸場に変わるかもしれない。そのうえ飛び方を習得する必要もない。コーラには自動運転のソフトウエアが搭載されているので、人はただ乗り込めばいいのだ。

「フライヤー（Flyer）」は同社の個人用空飛ぶ車で、水上や人気《ひとけ》のない場所をレクリエーション目的で容易に飛行できるよう設計されている。キティホーク社によれば、わずか数時間で「飛行の自由と高揚感を体験できる」。

それらは（全電力を再生可能エネルギーでまかなう）全電動飛行機であることから、気候に悪影響をおよぼさない。

キティホーク社が頼りにするテクノロジーはドローンの技術と似ているが、その空飛ぶ車を勢いよく前進させるのは、本体後部のプロペラだ。キティホーク社の最高経営責任者は、自動運転車業界のパイオニアであり、かつてグーグル社で自動運転車開発部門を率いたセバスチアン・スランだ。そういうわけで、まずは空飛ぶ自動運転タクシーに注力している。

アスファルトで舗装された地面や道路がなければ、世界はどんなふうに見えるだろうか？　街路や幹線道路は植物に突き破られ、再び原野になっていくのだろうか？

未来はついに、過去に追いつくのかもしれない。

おわりに　地球の病気を治すワクチン

「なぜ私たちは、人類の生み出す革新的なアイデアや先進技術を使って、自然の流れをリセットできないのだろう？」――本書の冒頭で提起したこの問いについては、ここに至るまでにお答えしてきた。「できる」と。

答えはそのとおりだ。次は、気候変動にかんする話し合いに希望を取り戻すことができる、そのような革新的なアイデアや実験やテクノロジーとともに、前進していく意思を創出することだ。あまりにも長い間、気候変動が発するメッセージは、挫折、絶望、憤慨、この世の終わりといった悲観的な話を中心に展開してきた。だが「なにかやらないと、みんな死ぬことになるぞ」という言葉をいくら浴びせても、まったく奏功していない。２０１８年の世界の炭素排出量は史上最高を記録し、いまも上昇軌道に乗ったままだ。言葉は必要な行動を引き起こしていない。数十年にわたる科学的な警鐘や報告、書籍やニュース記事、博物館の展示、政治キャンペーン、国際的な気候変動プロトコル、国連の会議を経てもなお、この状態だ。私たちが読んだり、見たり、聞いたりしてきたことはすべて、最後には同じことを言う――もっと環境に配慮して生きろ、そうでなければ滅びるぞ、と。だがその言葉は、むなしく響く。

このお決まりのメッセージと相関するのが、同じくお馴染みの「緩和」と「適応」という対策だ。つまり再生可能エネルギーを積極的に取り入れ、化石燃料の使用を減らし、もっとシンプルにもっと効率的に暮らす、ということだ。政治的で人騒がせな警告派《アラーミスト》が叫ぶ激烈な説教の上を行く、目新しくスカッとするものはなにひとつ奨励されていない。

人は誤った環境への向き合い方を理解しさえすれば、修正して変化する、つまりもっと環境に配慮するはずだという、無邪気な考えがいまだに存在する。その犠牲が、身勝手さや私利私欲に勝ることを願う。しかしそれは、分の悪い賭けだ。私たちは不健康なものを食べ、体によくないものを飲み、発がん性物質を含むものを吸い、医療にかんするアドバイスをのらりくらりと無視する。自分の体以上に身近なものはないというのに、そうした忠告すら無視するのであれば、二酸化炭素のようにほとんど目に見えないものについての、また大幅な海面上昇など未来のどこかで起きるかもしれないことについての、環境にかんする警告など、いったいどれほど心に留めるのだろう?

ジオエンジニアリングや即効性のあるテクノロジーは、避けられている。理由は恐怖心、だろう。人はよく知らないものを前にすると、動けなくなってしまうのだ。

エドワード・ジェンナーが１７９６年に初めて（天然痘に対する）人間用ワクチンを開発したとき、安全性と効果が証明された後も長い間、多くの人は接種しようとしなかった。障害が残ったり死んだりするのではないかと恐れたのだ。私たちがあまりにも壊してしまった自然を、コントロールしたり抑え込んだりするために考案されたジオエンジニアリングについても、同じことが言える。

気候変動の運命を実業界や金融界——新しいテクノロジーに対して、投資リスクを取るのをいとわない人々——の手に委ねることについても、懐疑的な見方がある。だが彼らのような人々こそ必要だ。本書は発明家と投資家——実現可能なことを社会のなかで支援する人——に対し、明快に協力を呼びかけている。従来私たちを特に財政的に支援していた政府は官僚機構で麻痺しており、かつて国家の砦であった宇宙空間という新たなフロンティアへの進出も、すでに民間部門が引き継いでさえいる。重箱の隅をつつくような議論によって、炭素排出量削減に向けた最も効果的な環境政策にかんする国際的な足並みが揃わないなか、みなが享受できるもっと住みやすい気候を作り出せるメカニズムは、蚊帳の外に置かれているのだ。

もしあなたが気候変動の最前線にいれば、猛烈な不満を募らせるだろう。異常気象はますます極端になり、多くの命を奪っている。公衆衛生のリスクも増している。気候難民は増える一方だ。私たちの環境は、環境の破壊者と同じくらい、人々の惰性と社会通念によって脅かされようとしている。本書で紹介したテクノロジーは、気候変動に取り組んだり、それを逆転させたりするための希望の星だ。もちろんリスクについては調べる必要があるが、それらの恩恵を骨抜きにするべきではない。

気候介入技術の早急な導入を阻止するため、国連環境総会はジオエンジニアリングの実験にかんする分析を進め、ルールを設けようとしている。一部の人はそれを、ジオエンジニアリングの進歩を押さえ込むための口実だ、とみている（アメリカ合衆国とサウジアラビアはそのような監視の取り組みに反対している）。これはジオエンジニアリングの賛否にかんする主要な論拠を浮き彫りにする。ジオエンジニアリングに反対する人は、ジオエンジニアリングは炭素排出量の削減努力を衰退させると主張する――もし「特効薬」のような解決策がたくさんあれば、予防の取り組みは行き詰まるだろう、と言って。ジオエンジニアリングの賛同者は、ひとりひとりが環境に配慮した小さな行動を積み重ねていく予防と緩和の取り組みはすでに頓挫しているか、もう間に合わないだろうと訴える。

環境をめぐる振り子は、炭素緩和策に反対する極右の気候変動の否認者から、広範囲に影響がおよぶ「応急処置」に反対する極左の警告派《アラーミスト》へと振れてきている。私たちが作り出してしまった敵対的な地球環境から身を守るためには、お互いを補完しあいながら現実に立ち向かっていくことが必要だ。つまり、草の根の活動家は環境を守るために、人々に対し小さな日常的な措置を講じるよう促し続けるべきだし、政策立案者は炭素緩和と適応という温暖化対策を奨励するルール作りを続けるべきだ。同時に、科学界と実業界はもっと手を取り合い、私たちが乗っている破滅の軌道の向きを変えることができる、地に足の着いた環境製品やプログラムを市場に導入する必要がある。地球――人類共通の母――が病気になり、もはや自身の手には負えなくなっていることを私たちが一刻も早く認めれば、それだけ早く母なる地球に介入し、救うことができる。自然の治癒力は機能しなくなっているのだ。

医療のワクチンは、人間を伝染病による大量死から救った。ジオエンジニアリングや環境テクノロジーは、地球の病気を治療するのに必要なワクチンだと私は信じている。ワクチンを打つときはもう来ているのだ。

＊本書の原注は www.intershift.jp/kikou.html よりダウンロードいただけます

謝辞

本書で感謝の言葉を送りたい人は大勢いる。だがとりわけ感謝すべき人がひとりいる。本というのは、本になる前は単なるアイデアだ。そしてそのアイデアは必ずしも完全に具体化されているとは限らない。確かに人は自分の掲げるテーマについて、強い想いをもつことはできる。しかしその想いは、ストーリーになる前に道を見失うことだってあるのだ。私の著作権代理人として長い付き合いになるスーザン・レイホーファーは、そのストーリーを私の頭のなかから叩き出してくれた——私の原稿を何度も差し戻し、本書の方向性を明確にしてくれたのだ。彼女には感謝してもしきれない。私たちは本が完成すると、いつもニューヨークのユニオンスクエアにあるブルーウォーターグリルで昼食をとり、グラス1、2杯のワインで祝杯をあげていた。ああ、あのレストランは閉店してしまった。でもその代わりに、幸運にもたまたま同じときにロンドンに居合わせ、パンチボウルというパブで、1パイントのビールを一緒に飲み干すことができた。さあ、そろそろニューヨークで新しい店探しを始めようか。次の行きつけをね、レイホーファー。

本書の章立ては、調査も執筆も時系列にはなっていないが、第1章は実際に最初に書いた章だ。ジャン＝ピエール・ヴォルフと彼の素晴らしい同僚ルイジ・ボナチーナは、気候の改変は語るに値する、実に素敵なストーリーだという私の信念を励ましてくれた。ジャン＝ピエールとのインタビューは、その後に続くすべての冒険のエンジンを始動させたのだ。

また多忙なスケジュールのなか、貴重な時間を割いて私のインタビューに応じ、多くの場合、ツアーガイドとなって現地を案内してくれた、すべての方に感謝申し上げる。とりわけジョナサン・パーフリー、クラウス・ラックナー、ヤルゲン・オールセン、ロン・スティッシュ、クリスティアン・コーレマン、クリストファー・ワン、アダム・ボッシュ、ジム・ハーバーグには、心からの謝意を申し上げたい。

広報責任者、アシスタント、仕事仲間のみなさん。本当に多くの人が、インタビューのお膳立てをしてくれた。全員の名前をここに挙げられないことを許してほしい。でもみなさんの助けなしでは、語るべきストーリーはなにひとつ生まれなかっただろう。

数年にわたり世界各地の状況をレポートする機会に恵まれ、そのような経験のいくつかが本書で章という形になった。しかし実際に初めて足を運んだ場所のなかには、ひときわ忘れられない瞬間がいくつか残っている。ドバイマリーナの高層階にあるレストランのテラス席で、街に沈む夕陽を眺めたときのこと。モロッコのアトラス山脈を越える、人生最悪のドライブ。ノルウェーのスヴァルティーセン氷河での、まさに死と紙一重のトレッキング。そしてデンマーク北部で歩いた、息をのむほどの春の野原。美しかった。ただただ素晴らしかった。

もちろん実地調査の際に支えてくれた人もたくさんいる。ドライバーや交渉のまとめ役、通訳なども重要な人々で、忘れることはできない。

家に目を向ければ、感謝するべき人がたくさんいる。ティファニー・スノーとブレ・カニンガムは私の留守を預かり、主のいない家の雑事を引き受けてくれた。私の8人のきょうだいたちは、私が海外にいようが、おかまいなしにグループメールでがんがんやりとりしていた。彼らはまさに心の「ホーム」だった。遠くの見知らぬ土地に閉じこもる身からすれば、それはどんなときも心安らぐ場である。そしてジーニー・リーは10年以上にわたり、私の自信が揺らぐと「あなたならできる」と言って、支え、励ましてくれた。ありがとう。

ひとたびすべての調査と旅と執筆が終われば、そこからが本当の仕事の始まりだ。受託研究員のローラ・マーラー、あなたのおかげで私は正直でいられた。サラ・カーダー、このプロジェクトに対する君の信念は、まさに期待以上だった。同じことはメーガン・ニューマンにも言える。彼女とは会った瞬間に意気投合した。レイチェル・エイヨット、本書の作業を滞りなく進めてくれて、本当にありがとう。また、ターチャーペリジー社とペンギン・ランダムハウス社のアン・チャン、アンドレア・セント＝オービン、ファリン・シュルッセル、アン・コスモスキ、リンゼー・ゴードンには大声で感謝の気持ちを届けたい。

最後になるが、科学界に感謝の意を表したい。世界をよりよい場所にし、ときには反対や無知をものともせず果敢に戦うのは、こうした無名のヒーローたちだ。彼らは論争術には目を向けず、問題への解決策を探求する。私たちももっと多くがそうであればいいのにと思う。

温暖化対策は、もう待ったなしの状況だ。にもかかわらず、温室効果ガスの排出削減のスピードは遅く、目標達成は困難との観測が高まっている。本書の著者トーマス・コスティゲンは、全米ベストセラーとなった『グリーンブック』（共著）を始め、ジャーナリストとしてエコ活動を提唱してきた。だが長年、環境問題に取り組んできたからこそ、ついに転換のときを迎えたと自覚する。もはや従来のようなエコ活動や削減取り組みだけでは間に合わない。地球をハックし、治療すべきときなのだ！　こうした認識のもと、気候危機の解決策となるイノベーションを求めて、世界各地を駆け巡った成果が本書である。

紹介されるテクノロジーは、気候を改変するジオエンジニアリングを始め、持続可能な未来を拓く革新的なアイデア揃いだ。ＳＦめいた気宇壮大な構想も面白いが、すでに実施されたり、実験段階まで進んでいる技術も多い。こうした背景にはテクノロジーの進展だけではなく、国や有力財団などによる前向きな支援もかかわっている。裏を返せば、それだけ気候変動の影響が深刻化しているということだ。たとえば、中国は世界最大規模でジオエンジニアリングの研究開発を進めており、本書でも示されるように各地でプロジェクトを動かしている。また、ビル・ゲイツやイーロン・マスクといった企業家も、気候危機の解決へ向けたイノベーションに支援を惜しまない。

本書は脅威をもたらす気候変動に挑む者たちの物語でもある。北極圏の氷河研究所から、アラビア砂漠のサステナブルな実験都市まで、読者は世界各地で人類の創意工夫のフロンティアに出会うだろう。氷河の融解を止め、土壌をよみがえらせ、海の健康を取り戻し、大気から水を得て、二酸化炭素を人工の木が捕集する——どれも希望を抱かせ、わくわくさせてくれる凄いテクノロジーだ。

一方で本書は、地球の気候がいかに複雑な要因から成り立っているのかも教えてくれる。たとえば、ある地域の気候改変が、別の地域で被害をもたらすかもしれない。これは国境を越えた争いにも繋がる。このように、気候危機を解決する希望とリスクは切り離せない。それでも、「最大のリスクはなにもやらないことだ」という声が、世界のあちらこちらから聞こえてくる。

「人新世」とも呼ばれる今日、人類は地球・自然のかかわりにおいて、大きな岐路に立っている。人類によって悪化した地球の気候や自然環境を、再び人類の手で改めようとするのは、まさに人新世的な行為と言える。その意味で、本書が示す数々のイノベーションは、こうした岐路において、私たちがどこへ向かうべきかという選択を迫っているのだ。

地球温暖化の原因を始め、気候変動・気候改変にかかわる議論は錯綜している。このままでは国際的な改変・統治ルールも定まらぬまま、各地で気候を変えようとする実験が進められていくだろう。未来の地球で、私たちは気候改変が適切になされたスマートワールドにいるのか、はたまた予想外のリスクに襲われ厄災に直面しているのか？　対立する見解やリスクも率直に伝える本書は、その答えを探る頼りになる導きの糸になるだろう。

本書出版プロデューサー　真柴隆弘

著者
トーマス・コスティゲン　Thomas Kostigen
ライター、ジャーナリスト。著書はニューヨークタイムズ・ベストセラーの『グリーンブック』（共著）や、『今、世界で本当に起こっていること——現代でもっとも刺激的な環境問題』、『世界のどこでも生き残る 異常気象サバイバル術』、『*The Green Blue Book*』、『*The Big Handout*』など。ワシントンポスト、ウォールストリートジャーナル、ナショナルジオグラフィック、ディスカバー、ロサンゼルスタイムズなど、多くのメディアに寄稿している。

訳者
穴水 由紀子（あなみず ゆきこ）
翻訳家。訳書は、エレン・ウォール『世界の大河で何が起きているのか』、シャロン・ハダリィ&ローラ・ヘンダーソン『リーダーをめざすあなたへ』、世界銀行（編著）『世界開発報告書 2012—— ジェンダーの平等と開発』（共訳）など。

地球をハックして気候危機を解決しよう
人類が生き残るためのイノベーション

2022年11月5日　第1刷発行

著　者　トーマス・コスティゲン
訳　者　穴水 由紀子
発行者　宮野尾 充晴
発　行　株式会社 インターシフト
〒156-0042　東京都世田谷区羽根木1-19-6
電話 03-3325-8637　FAX 03-3325-8307
www.intershift.jp/
発　売　合同出版 株式会社
〒184-0001　東京都小金井市関野町1-6-10
電話 042-401-2930　FAX 042-401-2931
www.godo-shuppan.co.jp/
印刷・製本　モリモト印刷
装丁　織沢 綾（カバーは原著デザインをアレンジ）

カバーアートワーク：Pete Garceau
カバーイメージ素材：(Earth) iStock.com /Mike Kiev,
(border) iStock.com/INchendio,（grid) iStock.com/Sylverarts
扉・表紙イラスト：ioat ©（Shutterstock.com)
本文イラスト：Joven Santos

ISBN 978-4-7726-9577-0 C0040　NDC400 188x130

インターシフトの本　　新刊メルマガもどうぞ！　www.intershift.jp

サステナブル・フード革命　食の未来を変えるイノベーション

アマンダ・リトル　加藤万里子訳　２２００円＋税

食と農業の未来を変える世界各地のイノベーターたちを取材。最先端テクノロジーと環境エコロジーをともに活かす「第3の方法」を提唱する。

「人類の知恵や自然観、倫理と最先端のテクノロジーとの融合を複眼的な視野で問い直す重要性に気づかせてくれる」――小川さやか『読売新聞』

「可能性を広く探る柔軟な発想で得たポジティブなメッセージが印象的だ」――『日本経済新聞』

生命機械が未来を変える　次に来るテクノロジー革命「コンバージェンス2.0」の衝撃

スーザン・ホックフィールド　久保尚子訳　２３００円＋税

生命の叡智を活かすテクノロジー革命の最前線へ！　世界の科学技術研究のリーダーＭＩＴが進める生命・機械の融合した「コンバージェンス2.0」とは？　仲野徹さん感嘆！

「どれも掛け値なく世界を大きく変えうるレベルの研究である……日本の大学が束になってかかってもＭＩＴに負けるのではないかと心配になってきた」――仲野徹『ＨＯＮＺ』

合成テクノロジーが世界をつくり変える

生命・物質・地球の未来と人類の選択

クリストファー・プレストン　松井信彦訳　2300円＋税

生命・物質・地球をつくり変える合成テクノロジー。人類が神の領域に迫りつつあるいま、「変成新世」における未来への選択が問われる。★ノーチラス・ブックアワード受賞！

「我々がいま〝合成の時代〟にいる現実を、テクノロジーを具体的にあげて突き付けてくる」
――栗原裕一郎『東京新聞』

「限りなく〝神の領域〟に近づく人類には、歯止めが必要なのか。深く考えさせられる」
――『ビジネスパーソンの必読書～産経新聞』

人類の意識を変えた20世紀

アインシュタインからスーパーマリオ、ポストモダンまで

ジョン・ヒッグス　梶山あゆみ訳　2300円＋税

20世紀の「大変動」を経て、人類はどこへ向かうのか？　文化・アート・科学を横断し、新たな希望を見出す冒険が始まる。★松岡正剛、瀬名秀明、吉川浩満さん絶賛！

「ヒッグスは巧みに20世紀の思想と文化を圧縮展望した」―松岡正剛『セイゴオ「ほんほん」』

「類書と一線を画す好著」――瀬名秀明『週刊ダイヤモンド』

口に入れるな、感染する！　危ない微生物による健康リスクを科学が明かす

ポール・ドーソン、ブライアン・シェルドン　久保尚子訳　1800円+税

床に落とした食べ物でも、すぐに拾えば大丈夫？　ドリンクに入れる氷・レモンから、どれだけ細菌が移る？……身近にひそむ見えない健康リスクが、数字で見える。★竹内薫さん、推薦！

人類はなぜ肉食をやめられないのか　250万年の愛と妄想のはてに

マルタ・ザラスカ　小野木明恵訳　2200円+税

健康にも地球環境にも良くないと言われても、人類は肉を愛し、やめられない。いったい、なぜ私たちは肉に惹きつけられるのか？　★『Nature』誌ベスト・サイエンス・ブックス、書評多数！

「肉を食べることには強力な象徴性がある」——森山和道『日経サイエンス』

動物たちのナビゲーションの謎を解く　なぜ迷わずに道を見つけられるのか

デイビッド・バリー　熊谷玲美訳　2400円+税

ときに数千キロ、数万キロも旅をする動物たち——なぜ身ひとつで広大な地球を渡っていけるのか？　動物ナビゲーションの世界的な科学者たちが、その謎を探究。とんでもなく凄いしくみが明かされる！

★年間ベストブックW受賞！

「神秘？　いや、これは奇跡だ！……超絶ハイレベルでむっちゃおもろい」——仲野徹「HONZ」